AF328220

L'ÉLECTRICITÉ

APPLIQUÉE

A L'ART DE LA GUERRE

PAR

D. BAYLE

CAPITAINE AU 23ᵉ DE LIGNE

LE MANS

EDMOND MONNOYER, IMPRIMEUR-LIBRAIRE

12, PLACE DES JACOBINS, 12

1871

OUVRAGES CONSULTÉS

Don Gregorio Verdu (colonel). — *Nouvelles mines de guerre appliquées à la défense*, suivant un nouveau procédé pour mettre le feu aux fourneaux de poudre à l'aide de l'électricité. (Traduit de l'espagnol, 1854.)

Revue maritime et coloniale, 1860.

Vigo-Roussillon. — *Puissance militaire des Etats-Unis*.

Dumas (capitaine d'état-major). — *Traité de Télégraphie militaire*.

Th. Fix (capitaine d'état-major). — *Revue moderne*, 10 janvier 1869.

Blavier. — *Traité de Télégraphie électrique*.

Niel (général). — *Journal du siége de Sébastopol*.

Bugnatelli. — *Giornale fisico medicale*.

Costa da Serda (capitaine d'état-major). — *Essai d'un Règlement sur le Service télégraphique*. (*Spectateur militaire*.)

Laisné (capitaine d'état-major). — *Mémoire portatif à l'usage des officiers du génie*.

Aide-mémoire, to the military from contributions of officiers of the different services. London, 1846 et années suivantes, 3 vol.

Siége de Bomarsund en 1854. Journal des opérations de l'artillerie et du génie. Paris, 1855, in-8°.

Roux (capitaine de frégate). — *Les Torpilles sous-marines*.

Du Moncel..... { *Notice sur l'appareil de Rhumkorf*.
Mémoire sur les courants induits.
Annales télégraphiques.
Traité théorique et pratique de Télégraphie électrique.

INTRODUCTION

La tendance de notre siècle est de tout spécialiser dans un but essentiellement pratique ; l'avocat, le médecin, le savant, chacun saisit une branche qu'il étudie particulièrement. A ces efforts individuels nous devons les immenses progrès que notre époque a fait faire aux sciences et à l'industrie. Si de nos jours personne ne peut, comme PIC DE LA MIRANDOLE, soutenir de thèse *de omni re scibili et pluribus aliis,* en revanche, que de splendides découvertes provenant de nos spécialistes et combien en soixante-dix ans s'est accrue, grâce à eux, la sphère intellectuelle ! La difficulté croissante des examens de nos écoles, et en particulier de l'Ecole Polytechnique, en fait foi.

L'armée a suivi le progrès beaucoup plus qu'on ne le pense généralement, surtout depuis la guerre de 1866. — Ce qui le prouve, c'est la quantité considérable de traductions des ouvrages allemands, publiées dans ces dernières années.

Peut-être, il est vrai, ces travaux avaient-ils rencontré peu d'encouragement jusqu'à ce que le maréchal NIEL fût venu leur imprimer un nouvel essor en créant les conférences régimentaires, dont le principe est bon, croyons-nous, et que l'on devait reprendre et développer (1).

La guerre a tout arrêté, le malheur a passé sur nous, profitons-en.

Rappelons-nous que la France a produit le seul homme de guerre qui, au dire d'un maître en cet art, ait su profiter de ses défaites (2). — Marchons sur ses traces.

Au travail ! que chacun vienne apporter son contingent à l'œuvre de la réorganisation. Peut-être trouverons-nous enfin un homme qui, prenant partout ce qu'il y a de bon, nous organisera de telle façon que la guerre nous trouvera instruits, préparés, et que personne n'aura plus besoin de frapper le sol du pied pour en faire sortir des soldats, ni de creuser le cerveau d'un avocat pour trouver des plans de bataille.

Le but de ce mémoire est uniquement de rappeler aux officiers quelle est de nos jours la puissance des engins mis par la science à la disposition des armées.

Après avoir lu ce travail, sans être électricien, on saura sur quels principes repose la théorie de l'éclatement des mines et des torpilles.

Cette partie n'avait encore été traitée que dans des publications séparées et qu'il était difficile de réunir, à en juger

(1) Le principe des enquêtes nous paraît également bon, à condition de sanctionner par des encouragements, des ordres du jour et des insertions dans les publications militaires, les travaux qui prouveront du travail et de l'intelligence.
(2) Turenne.

par la peine que nous avons eue à nous procurer les renseignements nécessaires.

Pour la télégraphie, qui rentre également dans notre tâche, les documents abondent, tous excellents ; ce qui nous a néanmoins excité à la faire rentrer dans cette étude, c'est que chacun des ouvrages consultés présentait la question sous un jour différent : ainsi, M. le capitaine DUMAS, qui a publié un précieux traité sur la télégraphie militaire, se refuse à rien prendre aux armées américaines, tandis que l'organisation du corps des signaux fait l'admiration de M. VIGO-ROUSSILLON et de M. le capitaine FIX.

Notre but étant surtout de présenter un état de la télégraphie chez les diverses nations, nous avons suivi M. VIGO-ROUSSILLON dans la plupart de ses développements, et nous persistons à croire que, même en tenant compte de la différence superficielle de l'Amérique et de l'Europe, il y a beaucoup à prendre dans l'organisation du *Signal-Corps* des Etats-Unis.

La question purement pratique sera traitée plus brièvement. Qu'importe, en effet, à la plupart que l'on se serve de la pile MARIÉ-DAVY ou de la pile LECLANCHÉ, que le paratonnerre soit à pointe ou à fil préservateur ? L'important pour un officier d'infanterie, c'est la manière dont on établit un fil, un réseau. Celui qui voudra des détails s'adressera aux excellents travaux dont nous parlions tout à l'heure et surtout au traité de M. DUMAS.

Bien que nous ayons dû consulter de nombreux ouvrages, nous n'avons la prétention, ni d'avoir tout lu, ni d'avoir tout dit. Loin de nous cette pensée, et nous sommes le premier à avouer que ni le temps, ni le cadre où nous nous sommes renfermé, ne nous ont permis de le faire.

Probablement même des écrits fort sérieux nous ont échappé ; mais, nous le répétons, notre but surtout a été de donner l'historique des inventions et des procédés les plus pratiques et les plus sûrs.

Cette étude, d'après nous, ne devrait être qu'un premier jalon ; elle aurait pour complément nécessaire les applications des autres branches des sciences à l'art de la guerre : la photographie, la vapeur, etc., ce qui constituerait un tout, une sorte de bibliothèque scientifique et militaire.

La campagne qui vient de se terminer si douloureusement pour nous, donnera lieu, sans doute, à beaucoup de mémoires sur les travaux auxquels les siéges, et principalement celui de Paris, ont donné lieu.

Les mines et les torpilles ont été l'objet d'études spéciales, et nous espérons que de nouveaux documents viendront bientôt accroître les sources auxquelles nous avons puisé.

Le Mans, ce 1er octobre 1871.

BAYLE.

—

PREMIÈRE PARTIE

MINES SOUTERRAINES

—

Historique.

Depuis les temps les plus reculés on a employé le système des mines dans les siéges; seulement, avant l'invention de la poudre, elles servaient à introduire les assiégeants dans la place, à faire crouler des pans de murailles, ou inversement, à lancer les assiégés sur les camps ennemis et à détruire les travaux d'attaque.

L'invention de la poudre, ou du moins son introduction en Europe et sa première grande application en 1453 (1) (prise de Constantinople par les Turcs), vinrent en modifier l'emploi.

On se servait des mines pour établir des excavations ou fourneaux, que l'on remplissait de poudre pour faire sauter les ouvrages de l'ennemi.

Si les ouvrages de la place tombaient sous les coups redoutables des mines, les travaux d'approche des assiégeants se trouvaient de leur côté en butte aux mines de l'ennemi.

Dans chaque place forte on prépare à l'avance un réseau de galeries souterraines projetant au loin de petits rameaux dits galeries d'écoute. Ces rameaux sont destinés, ainsi que leur nom l'indique, à se rendre compte des travaux de

(1) Les Anglais s'en étaient déjà servis dans les batailles de Poitiers et d'Azincourt.

l'ennemi, à *écouter* ses progrès ; et lorsque la présence du mineur ennemi devient de plus en plus rapprochée, le mineur assiégé pratique un fourneau de mine, se retire et met le feu. Si les mineurs assiégeants n'ont pas eu la prudence de se retirer en n'entendant plus le travail de l'ennemi, ils se trouvent écrasés par l'éclat de la mine. Les travaux sont anéantis et il faut recommencer à nouveau ou du moins consacrer un long temps au déblayement des terrains. Jusqu'à nos dernières guerres l'explosion des fourneaux de mines avait eu lieu au moyen de saucissons, c'est-à-dire de sacs imperméables remplis de matières inflammables. A l'extrémité du saucisson, on plaçait un moine ou morceau d'amadou de forte dimension ; c'est à ce moine que le mineur mettait le feu, puis il se retirait emportant un morceau d'amadou de même dimension, auquel on a donné le nom de témoin ; il l'allumait, et lorsque le témoin était complétement brûlé, la mine devait avoir fait explosion. S'il n'en était pas ainsi, le mineur retournait pour voir la cause qui l'avait empêchée ; mais ce procédé exposait les mineurs à bien des dangers.

Pour montrer toutes les difficultés qu'offrait l'explosion des mines par ces procédés, nous extrairons du *Journal du siége de Bomarsund* (1) des détails sur la manière dont les officiers du génie français s'y prirent pour assurer la destruction de la forteresse.

Cette forteresse (*pl. I, fig.* 1) était un ouvrage des plus importants, puisqu'elle contenait 116 bouches à feu, 3 mortiers en batterie, 78 canons sur chantier et 7 pièces de campagne. Elle se composait de quatre parties bien distinctes : le grand hémicycle, le fer à cheval et deux pavillons d'officiers, A, B.

---

(1) Bomarsund est situé sur une des îles Aland, au 60° de latitude septentrionale. Cette forteresse commande le détroit qui sépare la grande île d'Aland de celle de Presto.

Les casemates de l'hémicycle et du fer à cheval étaient jonchées de débris de toute sorte, parmi lesquels se trouvaient des cartouches, des capsules, des gargousses et beaucoup d'obus chargés. La poudre était répandue partout et mêlée à plusieurs milliers de sacs de farine, que les Russes avaient utilisés pour se barricader contre les projectiles, et dont on faisait une distribution journalière aux habitants de l'île, que le blocus des flottes alliées avait jetés dans la misère. Le moyen le plus simple et le plus assuré de détruire les constructions de Bomarsund était certainement de préparer un nombre de fourneaux suffisant, puis d'y mettre le feu par groupes successifs, de sorte que l'explosion de l'un de ces groupes venant à manquer, on eût le moyen d'y mettre de nouveau le feu avant de passer aux fourneaux suivants.

C'est ainsi que venaient de procéder les Russes à Hango, où ils avaient détruit par une série d'explosions les deux forts de Gustafswaïn, de Gustave-Adolphe et les trois batteries qui défendaient la rade.

Mais les explosions successives présentaient un inconvénient grave par la grande quantité de bombes et d'obus chargés qui étaient répartis dans les diverses casemates et qu'on ne pouvait pas transporter au milieu des poudres répandues sur le sol, sans des précautions que les circonstances dans lesquelles on était ne permettaient pas d'employer; enfin, la toiture en charpente qui régnait sur toutes les casemates pouvait prendre feu aux premières explosions et propager l'incendie avec rapidité du côté des fourneaux auxquels on n'aurait pas encore mis le feu.

Le général en chef trancha d'ailleurs la question en décidant que les distributions de farine auraient lieu jusqu'à la veille de l'embarquement des troupes, et qu'il ne s'écoulerait ainsi que quelques heures pendant lesquelles la forteresse serait à la libre disposition des officiers du génie. On se trouva donc dans la nécessité de faire partir tous les fourneaux en même temps; mais pour cela il fallait nécessairement compasser les feux, ce qui exigeait un développement de près de deux mille mètres de saucisson ou de cordeau porte-feu. On était complétement dépourvu de saucisson et on n'avait que quatre cents mètres de cordeau. « On se mit immédiatement à l'œuvre pour faire du saucisson avec de la mauvaise toile qu'on trouva dans le fort, et des soldats qui n'avaient aucune habitude de ce travail. » Le saucisson devait être employé le plus possible sous les portes, pour être à l'abri des intempéries et de l'effet des explosions; le cordeau porte-feu, dont l'inflammation est à peu près instantanée, devait être placé dans la cour au dernier moment. On sait que ce mode de transmission de feu est sujet à des ratés et que, pour assurer le succès d'une explosion, il est prudent de doubler le cordeau, mais on en avait trop peu pour prendre cette précaution qui, comme on le verra plus bas, aurait évité de grands dangers aux officiers et aux sous-officiers qui furent chargés de mettre le feu.

Quant au nombre et à la position des fourneaux, on éprouvait de grandes difficultés pour les déterminer. On n'avait que des données fort incertaines sur la résistance qu'offriraient de grosses maçonneries liées entre elles sur une si grande longueur et présentant deux étages de voûtes; la large ouverture qui était pratiquée vers le milieu des pieds-droits et qui mettait en communication toutes les voûtes d'un même étage, présentait aux gaz un passage qui atténuerait certainement leur effet.

Pour le grand réduit de la forteresse, on s'arrêta au système de fourneaux indiqués ci-dessus. Le capitaine BARRABÉ fut chargé de l'exécution détaillée de ce travail important qui présentait des difficultés de toute nature, car les fourneaux furent chargés et les feux compassés sans que la circulation des paysans, auxquels on distribuait des sacs de farine et qui profitaient de leur entrée au fort pour enlever une foule d'objets, fût jamais interrompue. Voici comment les fourneaux furent établis : on donna généralement aux chambres des poudres creusées dans la maçonnerie 1^m de profondeur, 0^m.70 de hauteur et 0^m.60 de largeur. Elles furent presque toutes chargées avec des gargousses russes et leur entrée fut fermée avec des plateaux de 0^m.80 de largeur, 0^m.80 de hauteur et 0^m.10 d'épaisseur, formés de deux rangs de madriers; on étançonna solidement ces plateaux au moyen de corps d'arbres de 0^m.20 à 0^m.25 de diamètre.

Le journal donne ensuite le détail (que nous ne suivrons pas), casemate par casemate, des travaux. Dans les unes les poudres étaient placées comme il a été dit plus haut; dans d'autres on mettait des barils de poudre simplement posés sur le sol. Enfin pour les pavillons d'officiers, qui renfermaient dans leur construction une assez grande quantité de bois, et dont l'étage supérieur était blindé avec plusieurs rangs de fortes poutres, on eut recours à l'incendie.

On organisa à cet effet un foyer d'incendie F, vers chaque extrémité des pavillons A et B. La figure montre le dispositif des fourneaux et le compassement des feux.

Les saucissons reposaient partout sur une file de madriers placés bout à bout. La quantité de cordeaux porte-feu que l'on possédait ne permettant pas de réunir les extrémités des entremetteurs du feu en un seul point, les compassements de droite et de la partie centrale de l'hémicycle furent réunis au point X; ceux de gauche et du fer à cheval, au point Y. Les fourneaux du fer à cheval furent compassés entre eux au moyen de saucissons de quarante-deux mètres de longueur, aboutissant tous en un même point Z; ce point fut ensuite relié au point Y.

Les bouts des transmetteurs du feu réunis aux points X, Y, Z, furent fixés dans de petites boîtes sans couvercle, au moyen de rainures pratiquées sur les côtés. On remplit ces boîtes de pulvérin et l'on y fixa des bouts de mèche anglaise de trois mètres de longueur; des bouts de deux mètres de longueur de cette même mèche, dont on ne saurait trop recommander l'usage, furent fixés aux extrémités des saucissons aboutissant aux foyers d'incendie des pavillons d'officiers. On prit aussi la précaution de répandre du pulvérin sur les nombreuses jointures des saucissons.

Toutes les dispositions étant terminées le 2 septembre, à sept heures du soir, heure désignée par le général en chef pour la destruction du grand réduit de Bomarsund, le capitaine BARRABÉ, qui avait suivi tous les détails d'exécution de ce vaste système avec le plus grand zèle, fit donner le feu en sa présence par cinq sous-officiers de sa Compagnie, et il ne se retira qu'après s'être assuré que le feu était mis à tous les bouts de la mèche anglaise.

Les troupes des deux nations, rangées sur les hauteurs environnantes ou sur les ponts des navires mouillés dans la rade, et une partie des habitants des îles d'Aland attendirent en silence, les yeux fixés sur la forteresse, le spectacle de cette grande destruction. Au bout de quelques minutes, une série d'explosions presque simultanées fit sauter la majeure partie de l'hémicycle ainsi que le centre des deux pavillons d'officiers. Un immense nuage de fumée, qui fut très-long à se dissiper, enveloppa complétement la forteresse; l'incendie se déclara avec une grande intensité dans les deux pavillons, et les toitures de l'hémicycle s'enflammèrent aussi en plusieurs points.

Lorsque la fumée fut dissipée, on put juger des résultats obtenus.

Les fourneaux qui avaient joué avaient produit tout l'effet qu'on en attendait, mais quelques-uns de ceux de l'hémicycle et tous ceux du fer à cheval n'avaient pas pris feu.

Pendant la nuit, l'incendie se propageant et les explosions des bombes et des obus se succédant presque sans interruption, les fourneaux de l'hémicycle partirent tous, sauf un probablement, mais le fer à cheval restait intact au milieu de ce vaste incendie.

Quoiqu'il y eût un grand danger à pénétrer dans le fort, le capitaine BARRABÉ offrit d'aller à la recherche des saucissons des cinq fourneaux qui n'étaient pas partis, pour les réunir et leur donner le feu. Le général commandant le génie, qui était déjà à bord du *Fulton*, jugeant qu'on ne pouvait pas laisser debout une portion si importante de la forteresse, acceptant la proposition du capitaine BARRABÉ, lui envoya par le lieutenant-colonel JOURJON l'ordre de tenter tout ce qui était possible pour faire sauter le fer à cheval. Ne se contentant pas de transmettre cet ordre, le lieutenant-colonel JOURJON, qui depuis le commencement du siége avait été au-devant de tous les dangers, voulut s'associer à son exécution. Les deux officiers, accompagnés du lieutenant GROULT, du sergent-major LAFLÈCHE et du sergent BERGEROLLE, entrèrent par une embrasure dans une des casemates du fer à cheval.

La boîte Z était intacte, le cordeau réunissant les centres X et Z n'avait pas transmis le feu.

Les cinq saucissons partant du point Z avaient été dérangés par les explosions.

Les officiers et les sous-officiers qui avaient pénétré dans le fort se hâtèrent d'enlever le cordeau porte-feu de la boîte Z et de reconnaître et mettre en place les cinq saucissons du fer à cheval.

On fixa le plus vite possible un bout de mèche anglaise à l'extrémité des saucissons et on y mit le feu; l'explosion eut lieu cinq minutes après, un fourneau ne joua pas.

En résumé, nous voyons que, par ce procédé, les officiers

du génie et les hommes sous leurs ordres étaient exposés à des dangers sans nombre, et il est même prodigieux qu'ils n'aient pas été atteints dans cette hasardeuse course à travers des fourneaux qui éclataient sous leurs pas ; et combien était chanceuse la réussite, puisqu'une faible explosion voisine ou un changement d'état atmosphérique suffisait pour empêcher l'explosion !

Au moment où l'on fit sauter le fort de Bomarsund, les propriétés de la pile et son application à l'explosion des mines étaient partout depuis longtemps connues, et nous verrons plus loin quel parti les Russes savaient déjà en tirer.

Nous trouvons dans l'aide-mémoire *To the military sciences,* publié à Londres en 1845, un travail fort curieux du capitaine HUTCHINSON R. E. sur l'explosion des poudres par l'électricité.

Ce mémoire débute ainsi (1) : « L'explosion voltaïque est la manière d'enflammer la poudre à canon par la transmission d'un courant d'électricité voltaïque à travers un circuit complet de fil métallique ou à travers un circuit qui peut être en partie composé d'eau, suivant que l'opération s'achève sur terre ou sous l'eau.

« Le principe repose sur la propriété du courant électrique d'élever la température du fil ou autre métal à travers lequel il passe... Le but qu'on se propose est donc d'adopter une disposition telle qu'une petite portion du circuit puisse être rendue rouge à une place située à l'intérieur de la poudre qui compose la charge. »

(1) Voltaic blasting is the method of firing gunpowder by the transmission of a current of Voltaic electricity, through a complete circuit of metallic wire, or through a circuit wich may be partly composed of water, according as the operation is to be performed on land or under water.

The principe depends on the property of the electric current to raise the temperature of the wire, or other metal through witch it passes : hence the required object is to adopt such an arrangement, as that a small position of the circuit may be rendered red hot at the proper place within the powder composing the charge.

L'auteur du mémoire examine ensuite, en détail, les conditions dont dépend suivant lui la donnée du problème :

L'intensité de la batterie électrique (1) et la disposition du fil de platine dans le fourneau, sa section, etc., etc. ; c'est ce fil qui, en devenant rouge au moment où le courant se trouve formé, amène l'inflammation de la poudre.

Le capitaine HUTCHINSON fait porter successivement son examen sur les piles de Daniell, de Growe et de Smée. Il passe ensuite aux fils métalliques conducteurs ; il donne la préférence aux fils de cuivre, puis il propose, pour séparer et isoler les deux conducteurs, de les recouvrir de substances imperméables (*Waterproof composition*); il donne la composition d'une substance répondant à la question. Nous ne donnerons pas cette composition, car le procédé employé de nos jours est plus simple et à meilleur marché.

Ce qu'il y a d'excellent dans ce mémoire, c'est la disposition adoptée pour mettre le feu à la poudre.

L'inspection des figures suffit déjà pour se rendre compte du procédé.

Le vase A B C D F (*Pl. I, fig.* 2) renferme la poudre de la mine. Le rentrant cylindrique *a b c d* est destiné à recevoir l'amorce dont nous voyons le détail dans la figure 3. Les fils que nous avons séparés en *a* et *f,* uniquement pour montrer la manière dont ils sont placés, se trouvent fixés aux extrémités opposées d'un même diamètre. Entre eux se trouve une substance isolante.

Ils se terminent en crochet, et le passage du courant de l'un à l'autre à travers un fil très-mince de platine (*platinium wire*) met le feu à la poudre de l'amorce. Cette poudre est renfermée dans un sachet, son explosion amène l'explosion de la mine.

(1) Il entend par batterie électrique ce que nous appelons réunion de plusieurs éléments ou couples.

2

Il résulte de l'ensemble de ce mémoire qu'il avait été déjà fait, en 1845, des études fort sérieuses sur l'application de l'électricité aux mines (1).

Les études avaient-elles été bien fructueuses? C'est ce que nous apprendrons dans l'ouvrage du colonel espagnol Don GREGORIO VERDU, commandant du génie en Espagne.

Ce livre a été traduit en France, et a mérité d'être envoyé par le ministre de la Guerre aux écoles du génie.

Le colonel pose d'abord, comme le capitaine HUTCHINSON, ce principe fondamental : Si dans un conducteur métallique qui peut communiquer par ses deux extrémités avec les deux pôles d'une pile, on vient à former une solution de continuité et que l'on interpose un fil de fer ou de platine, l'ignition de ce métal suffit pour enflammer la poudre.

On se servait, ajoute-t-il, dans les commencements, de piles hydro-électriques d'un seul liquide (de Wollaston, de Munch), ou de piles à deux liquides comme celles de Daniell et de Bunsen. Pour conducteurs métalliques, on s'est servi de rubans de cuivre rouge et préférablement de fils du même métal, quelquefois recouverts d'une substance isolante, généralement découverts.

Mais les piles doivent être fortes, puisque pour porter le fer ou le platine à l'incandescence, il faut une température de 500°. L'intensité et la tension de la pile sont à la fois nécessaires. Les expériences réitérées faites à l'École pratique espagnole n'ont donné de cette façon aucun résultat satisfaisant.

(1) Le mémoire suit l'ordre suivant :
Explosion of powder.
Description of batteries that ⎰ Professor Dainell's Constant Battery.
may be employed in Blasting. ⎱ Professor Growe's Battery.
Of the conducting wire to be used in Blasting.
Description of the charge usually employed ni Voltaic-Blasting.
On the preparation of charges for subaqueous operations.
On firing a number of charges simultaneously.
                    (By capt HUTCHINSON R. E., may 1845.)

Le colonel Verdu est conduit à proposer l'emploi des courants d'induction (1) et de la bobine de Rhumkorf, admirable instrument qui servit depuis à soulever des montagnes, car c'est grâce à lui qu'on a fait sauter le fort Peï-ho et que l'on a mené à bien les travaux des ports de Marseille et de Cherbourg.

L'explosion a lieu au moyen de la bobine et d'un genre particulier de fusée dit *fusée de Stateham*. (*Pl. I, fig. 4.*)

On forme la fusée de Stateham avec deux fils de cuivre Ba et Ab, qu'on recouvre de gutta-percha et qu'on entortille l'un sur l'autre. On introduit les extrémités a et b du fil dans un petit tube de gutta-percha vulcanisée, qui a servi longtemps d'enveloppe à un fil de cuivre, puis on pratique une échancrure sur le tube, et, après avoir mis les extrémités a et b à une distance d'un à deux centimètres, on remplit l'échancrure de poudre.

On enferme ensuite le petit tube dans une cartouche ordinaire. Si l'on met alors les extrémités A et B du fil de cuivre en communication avec le fil induit d'une bobine de Rhumkorf, l'inflammation de la poudre a lieu, quelle que soit la distance qui sépare l'appareil de la cartouche. L'explosion a été obtenue à des distances de vingt kilomètres et au delà.

Remarquons bien que l'inflammation de la poudre n'a lieu que par suite de l'ignition du sulfure de cuivre qui tapisse les parois intérieures du tube de gutta-percha vulcanisée, ignition qui résulte de l'étincelle produite entre les points a et b.

La première application sérieuse de l'électricité aux mines chez les nations étrangères semble avoir été faite par les Russes durant la guerre de Crimée. Le journal du siége de

(1) L'emploi des courants d'induction est proposé pour la première fois par e colonel Don Gregorio Verdu, dans un mémoire présenté à l'Académie des sciences de Paris, dans sa séance du 11 avril 1853.

Sébastopol, publié par le général Niel, depuis maréchal, et que la France a perdu dernièrement, fournit de curieux détails sur ce sujet.

Suivant le *Journal de la guerre souterraine,* rédigé d'après le rapport des officiers de mineurs, par le chef de bataillon Tholer, on retrouve à chaque instant, dans les entonnoirs des fourneaux des Russes, des amorces électriques ou quelque fil conducteur oublié, et le général Niel résume ainsi ses observations sur les travaux de mines exécutés par les Russes :

« Nous avons trouvé la poudre des fourneaux renfermée dans des barils, des sacs ou des caisses. Le même fourneau contenait souvent des uns et. des autres ; les deux ou trois derniers sacs renfermaient chacun une boîte d'amorce électrique, qui diffère des nôtres en ce que *le fil de platine est remplacé par des morceaux de charbon cylindriques taillés en biseaux et dont les deux lames se touchent par leurs tranchants, suivant deux plans perpendiculaires.* »

Les conducteurs électriques, formés généralement de trois fils de cuivre enduits de gutta-percha, passaient dans des entailles pratiquées à cet effet dans la partie inférieure des masques.

Plusieurs débris trouvés dans la place nous ont prouvé que la pile de Volta était employée pour donner le feu ; les deux ou trois boîtes d'amorces que contenait chaque fourneau doivent faire supposer qu'il y avait souvent des ratés.

En France, on a reconnu depuis longtemps que l'emploi de l'électricité dynamique est le moyen le plus certain et le plus prompt de mettre le feu aux mines et d'éviter entièrement l'inconvénient de la fumée, inconvénient très-grave par les autres procédés. Jusqu'en 1853, on avait fait quelques essais et l'on s'était arrêté aux mesures suivantes :

Le génie avait adopté la pile à courant constant de Bunsen,

dont le coût est à peu près de quatre francs par élément. Nous ne reviendrons pas sur cette pile dont nous avons donné la construction [*Pl. I*] (1). La dimension des conducteurs adoptés fut d'environ 0^m.14 de diamètre; leur composition, de cuivre. Comme en Russie, la partie réunie par le fil métallique fut placée dans une boîte (étui d'amorce) en bois, remplie de poudre ou de pulvérin sec. Cette boîte était tout naturellement déposée au milieu de la boîte aux poudres. Le fil métallique, de préférence en platine à cause de sa résistance à l'humidité, avait 0^m.0002 de diamètre.

Pour la pose des conducteurs, il faut considérer deux cas, suivant qu'on veut transmettre le feu à un fourneau chargé avant ou après bourrage.

1° Dans le premier cas, on place les conducteurs sur les semelles du rameau qui conduit au fourneau, un de chaque côté, espacés l'un de l'autre de toute la largeur du rameau.

On les fixe avec soin et de manière à les préserver de la rupture à laquelle ils seraient exposés pendant le bourrage.

Ils se prolongent jusqu'à la jonction du rameau et de la galerie, et on leur laisse la longueur nécessaire pour pouvoir les relier au moment voulu avec deux conducteurs régnant le long de la galerie et appelés conducteurs maîtres. Ces derniers communiquent avec la pile.

Une fois les conducteurs placés, on exécute le bourrage en prenant beaucoup de soin, afin de ne pas les rompre ou les déplacer.

2° Dans un fourneau à charge après bourrage, on emploie une boîte d'amorce cubique ayant 0^m.08 de côté; on ouvre son couvercle; une fois remplie, on la ferme avec de fort papier fixé à la colle; on la pose au fond de la cavité du mandrin

---

(1) Ce renvoi se reporte à une partie qui sera publiée sur les divers appareils électriques et qui primitivement devait précéder cet opuscule.

que forme la tête du bourrage et l'on remplit le reste de la cavité avec de la poudre.

Pour placer les conducteurs, on pratique à la scie deux rainures sur deux faces opposées des mandrins. On en réunit les morceaux en les courbant en crochet à leurs extrémités.

On fixe les conducteurs sur ces mandrins à mesure qu'on les introduit dans la gaîne. Quand on ne doit donner le feu qu'à un seul fourneau, chacun de ces conducteurs particuliers est réuni à l'un des conducteurs maîtres de l'écoute.

Veut-on, au contraire, produire plusieurs explosions à la fois, chaque couple de conducteurs va s'embrancher sur les conducteurs maîtres, de manière qu'il puisse se produire un courant dérivé passant par les conducteurs particuliers de chaque fourneau quand on ferme le circuit.

Le mineur qui doit mettre le feu réunit au moyen d'une glissette l'extrémité des conducteurs maîtres à la patte libre de l'un des éléments extrêmes, puis il saisit d'une main l'extrémité de l'autre conducteur maître, et de l'autre, la patte libre du dernier élément.

Au commandement de *feu*, il applique brusquement cette patte et le conducteur l'un contre l'autre et les serre fortement. Le fil de platine rougit et brûle dès que le circuit est fermé; il enflamme le pulvérin de la boîte d'amorce, qui détermine l'inflammation de la poudre.

Les détails que nous venons de donner sont pris en grande partie dans l'ouvrage de M. le capitaine Laisné, publié en 1861; aussi n'y signale-t-on nullement l'emploi des appareils d'induction, qui ne sont étudiés sérieusement que depuis l'invention de la bobine de Rhumkorf, en 1851, et rendus pratiques seulement à une date beaucoup plus rapprochée.

A l'aide des appareils d'induction, la transmission est instantanée et se produit à une distance considérable. Il ne rentre pas dans notre cadre d'examiner les prodiges que la bobine de Rhumkorf a produits dans l'industrie. Sous sa rude étincelle, les ports se sont creusés, les montagnes ont bondi comme des béliers, et nul doute que si jamais quelque siége mémorable venait affliger l'humanité, les électriciens ne jouent un grand rôle dans son histoire.

DEUXIÈME PARTIE

TORPILLES SOUS-MARINES

Historique.

Les torpilles, ou torpédo, sont des engins de guerre destinés à faire sauter les bâtiments ennemis qui les touchent et qui les approchent.

Ce sont de véritables mines souterraines, d'autant plus dangereuses qu'elles sont noyées, et que rien ne peut en faire connaître la position.

C'est à l'Américain FULTON que l'on doit la première idée sérieuse des torpilles.

Cet homme de génie poursuivait à la fois l'idée des torpilles sous-marines (qu'il appelait torpédo), des bateaux sous-marins et de la navigation à vapeur. La torpille consistait en une boîte de cuivre contenant de quatre-vingts à cent livres de poudre. L'inflammation avait lieu au moyen d'une platine de fusil. Le tout était attaché à l'extrémité d'une corde longue de soixante pieds, que l'on passait dans une poulie fixée sous l'eau, contre le flanc de l'embarcation qui portait la torpille. Pour attaquer et faire sauter un bâtiment ennemi, Fulton attachait une sorte de harpon à l'extrémité de la corde qui flottait sous l'eau. Quand on dirigeait l'embarcation contre un navire, le mouvement de l'eau suffisait pour attirer l'extrémité de la corde, et la fixer à la quille par son harpon.

Au bout d'un temps réglé, par la fin d'un mouvement d'horlogerie qui communiquait à la platine du fusil, l'explosion se faisait, et, en raison de l'incompressibilité de l'eau, tout l'effet explosible se portait contre le navire.

Quelquefois la torpille était lancée contre les bâtiments à l'ancre, d'autres fois on la plongeait à douze ou quatorze pieds au-dessous de l'eau, et le choc devait la faire partir. Avec cette torpille FULTON fit sauter en rade de Brest une chaloupe à l'ancre. Il lança sa torpille à deux cents mètres de distance, et la chaloupe sauta au bout d'un quart d'heure.

Malgré ce succès, ne recevant pas d'encouragement de la France, FULTON passa en Angleterre en 1805.

Il y fit des expériences très-heureuses, puisque avec cent soixante-dix livres de poudre, il fit sauter un brick de deux cents tonneaux; mais, malgré sa réussite, le ministère anglais refusa, comme le gouvernement français, de s'occuper davantage de lui; et ses idées sur les torpilles ne furent jamais mises en application. Ce n'est qu'un demi-siècle après, en 1854, que l'on voit reparaître l'idée des torpilles. Pendant la guerre de Crimée, les Russes les employaient contre la flotte anglaise dans la Baltique. Ces engins furent imaginés par le célèbre professeur JACOBI. Ils consistaient en vases coniques, creux, renversés et remplis de poudre. Le mécanisme pour enflammer la charge était mis en jeu par la percussion. Le navire, en abordant la torpille, brisait un tube contenant de l'acide sulfurique sur un mélange de chlorure de potasse et de sucre et enflammait ainsi la charge. Mais ces torpilles ne remplirent pas leur but et ne firent aucun mal à la flotte anglaise. Le colonel espagnol don GREGORIO VERDU, dans son intéressant ouvrage sur l'explosion des mines par l'électricité, s'exprime ainsi, à propos des torpilles qu'il appelle *mines flottantes*:

« On pourrait avoir des mines flottantes dont le courant

« déviderait lui-même le conducteur (conducteur électrique).
« Les entrées des ports et les embouchures des rivières peu-
« vent recevoir également de formidables défenses par la sim-
« ple application de notre procédé (inflammation au moyen
« d'un courant d'induction) à l'explosion des fourneaux im-
« mergés.

« Ceux-ci pourraient être préparés en renfermant la pou-
« dre d'abord dans des sacs en toile imperméable ou en cuir,
« comme les outres employées en Espagne au transport des
« liquides, et ensuite dans des caisses bien calfatées, dispo-
« sées à l'intérieur de vieilles carcasses de bâtiments, de cha-
« loupes ou de pontons. On coulerait le tout à fond où on le
« fixerait à l'aide d'ancres ou d'amarres.

« En réglant convenablement le poids spécifique d'un pa-
« reil système, d'après les lois de l'équilibre des corps plongés
« dans l'eau, on pourrait les placer à des profondeurs déter-
« minées.

« Pour mettre le feu à deux ou plusieurs lignes de ces four-
« neaux, on emploierait des conducteurs isolés avec de la
« gutta-percha.

« On pourrait les employer séparément ou réunis en un
« seul câble comme ceux employés pour la télégraphie sous-
« marine. »

Là s'arrêtent les explications de l'officier du génie espagnol. Il ne nous dit pas s'il a été fait quelque expérience dans
son pays sur les torpilles, et laisse, comme on le voit, bien des
points dans l'ombre. Il n'indique aucun moyen pour s'assurer
que les torpilles sont en bon état, que le courant passe bien,
et c'est là précisément le grand point qui a longtemps arrêté
les efforts des ingénieurs militaires.

Car, en effet, à quoi pourrait aboutir une défense basée sur
les torpilles, si l'on n'était pas sûr qu'en un moment donné
elles feraient explosion et ne nous laisseraient pas, avec un

engin inutile entre les mains, exposés aux coups de l'ennemi sans pouvoir y répondre et, ce qui est plus grave, exposés à voir nos ports tomber entre ses mains ?

En 1859, les Autrichiens, voulant défendre les passes du Lido et de Malamocco, confièrent le soin de cette défense au colonel EBNER, et nous verrons plus loin l'admirable plan conçu par ce colonel.

Son système de torpilles forme un ensemble vraiment remarquable.

Destinées à agir à distance, sans que leur explosion dût être provoquée par le choc du navire ennemi, ces mêmes torpilles étaient construites de manière à contenir de fortes charges dont le rayon d'action efficace pût s'étendre à six ou sept mètres en tout sens.

Dans ce but elles avaient une charge de deux cent vingt-quatre kilog. de fulmi-coton.

Placées en ligne droite dans chacune des passes, elles étaient retenues au fond de la mer par des chaînes en fer, fixées à des plateaux de bois chargés de gueuses. Un fil télégraphique pénétrait dans l'intérieur de la caisse et venait aboutir sur le rivage, à une station munie de l'appareil nécessaire pour transmettre l'étincelle électrique qui devait déterminer l'explosion. En plaçant ces torpilles, leurs positions étaient indiquées sur un plan du port à échelle réduite au moyen d'une application de la chambre obscure. Ce procédé supprimait la nécessité d'indiquer par des bouées la position des torpilles. Mais cette méthode exigeait des opérateurs très-attentifs, et il eût été difficile de l'employer à la défense d'une côte étendue.

C'est pour cela que plus tard, devant protéger leur côte d'Istrie et de Dalmatie, les Autrichiens ont donné en général la préférence à des torpilles électriques que le choc du navire ennemi est destiné à faire éclater. Nous étudierons dans un chapitre spécial ce système où la seule attention de l'observateur consiste à reconnaître si le navire qui cingle vers le port est ami ou ennemi, sans qu'il soit nécessaire ensuite de suivre ses évolutions.

Les Paraguayens, dans cette guerre interminable qu'ils ont soutenue contre le Brésil, ont mis beaucoup de torpilles dans le fleuve Paraguay et ont réussi à faire sauter des navires brésiliens. Ces torpilles ne partaient pas par l'électricité. Les Paraguayens employaient un procédé semblable à celui du professeur JACOBI. Le choc du navire ennemi pressait un petit piston d'une fiole qui renfermait de l'acide sulfurique. Cet acide enflammait le coton contenant du carbonate de potasse et mettait le feu à la poudre.

Enfin, c'est à la guerre entre l'Amérique du Nord et l'Amérique du Sud que l'on doit le plus grand pas. Tout le mérite en revient aux Etats confédérés et à l'illustre capitaine MAURY, hydrographe américain. Le capitaine anglais HOUSTON HEWART R. N. a fait aussi de belles expériences sur ce sujet et nous analyserons le travail de ce dernier, rendant compte des expériences du capitaine MAURY et des siennes propres. Cet opuscule a été traduit en français par M. ROUX, capitaine de frégate, et publié dans la *Revue maritime et coloniale*. C'est, du reste, dans cette revue que nous puiserons une foule de renseignements sur les torpilles. Notre tâche est facile, venant après des hommes aussi compétents dans la matière.

Après les procédés anglais et américains, nous donnerons quelques détails sur les procédés français, bien que l'on ne soit pas encore très-fixé chez nous.

M. l'amiral BOUEN-WUILLAUMEZ, puis M. l'amiral de CHABANNES, ont fait faire chacun des expériences à Toulon; quelques-unes, et nous avons vu les résultats, ont été bonnes.

Dans d'autres, la charge n'ayant pas été proportionnée à la résistance, la force de l'explosion fut dépensée contre le sol

et se communiqua aux piles d'une jetée. Quant à la poudre
employée, disons de suite, pour ne pas revenir sur un sujet
qui sort un peu de notre cadre, que l'on n'est pas encore fixé.

Les uns, comme les Paraguayens, emploient la poudre
ordinaire; les autres, comme les Autrichiens, préfèrent le
fulmi-coton; en France, on a essayé la nitro-glycérine, le
fulmi-coton et le picrate de potasse.

D'épouvantables catastrophes produites par la nitro-glycérine et le picrate de potasse ont un peu ralenti l'ardeur des
chercheurs; mais il faut nous attendre néanmoins à voir sortir des commissions qui étudient la question, quelque beau
projet qui prouverait encore une fois que, si la France
paraît quelquefois un peu lente à suivre le progrès, elle sait
tout à coup se placer à sa tête et le diriger.

Les Torpilles en Autriche.

(Système du colonel Ebner.)

Nous avons dit plus haut que le ministère de la Guerre autrichien s'était arrêté sur deux systèmes: le premier ne faisant explosion qu'au moyen de l'électricité, le second réunissant le choc à l'électricité. C'est ce dernier seulement qui fera
l'objet de cette étude.

Description de la Torpille.

La torpille électrique (*Pl. II, fig.* 1, 2, 3) se compose d'une
boîte de forme cylindrique de 0m.95 de hauteur et de 1m.13
de diamètre. Elle est formée de feuilles de tôle, rivées avec soin,
de manière à ce que l'eau ne puisse y pénétrer, quelle que
soit la pression qu'elle exerce sur les parois.

Le fond est légèrement bombé. La paroi latérale dépasse

d'environ 0^m.12 le couvercle supérieur, formant ainsi un espace cylindrique destiné à recevoir les leviers et la roue à rochets, qui doivent transmettre l'action des chocs extérieurs au mécanisme de la caisse. Un second couvercle en bois ferme le cylindre à sa partie supérieure.

Des pattes en fer, au nombre de trois, placées à égale distance sur le pourtour du cercle supérieur, sont destinées à recevoir divers cordages se réunissant sur une bouée.

Cette bouée indique la position de la torpille jusqu'au moment où la présence de l'ennemi nécessite sa suppression. Elles servent également à retirer la torpille et à l'immerger.

Une patte d'oie, formée par des tiges de fer, est établie sous la torpille, et sert à la fixer à la chaîne par laquelle elle est retenue au fond de l'eau.

La poudre de la charge et le mécanisme qui détermine l'étincelle sont contenus dans un cylindre de tôle intérieur et concentrique au premier, ayant à peu près la même hauteur et un diamètre d'un tiers plus petit.

L'espace vide entre les deux cylindres sert de caisse à air pour faire flotter le système. Le fil conducteur du courant pénètre dans la torpille en traversant un presse-étoupes, placé au centre de la cloison du fond.

Un autre presse-étoupes, placé au centre du couvercle supérieur en tôle, laisse passer la tige en cuivre de la roue à rochets, donnant un petit mouvement de rotation, et ayant pour but de déterminer les contacts métalliques instantanés qui viennent compléter le circuit voltaïque et déterminer la production de l'étincelle électrique.

L'explosion a lieu au moyen d'une amorce que le courant de la pile traverse au moment où les contacts dont nous venons de parler ont lieu. L'étincelle enflamme une matière fulminante très-sensible, qui forme la tête de l'amorce. Le feu se communique à une petite quantité de fulmi-coton qui enveloppe l'amorce et de là à la poudre de la charge. Nous n'entrerons pas dans le détail de l'appareil explosif.

Disons seulement que cet appareil est placé dans une boîte cylindrique de $0^m.25$ de hauteur et de $0^m.07$ de diamètre, vissée à l'extrémité du presse-étoupes supérieur..

Le contact métallique a lieu au moyen de lames de maillechort, implantées sur un disque de gutta-percha. Quand il y a choc, ces lames sont mises en rapport avec un rayon de cuivre et le courant voltaïque peut alors pénétrer.

Quant à la roue à rochets, qui est l'appareil le plus important puisque c'est elle qui par le choc doit déterminer le contact, sa partie extérieure fait saillie de $0^m.05$ environ au-dessus du couvercle de la torpille. Elle est entourée d'un ressort à boudin, destiné à la ramener à sa position quand elle en a été écartée.

Feu de l'appareil.

Quand l'une des neuf tiges qui fait saillie en dehors reçoit un choc suffisant pour faire fléchir les trois ressorts spiraux des tiges et de la roue, celle-ci prend un mouvement de rotation limité à une dizaine de degrés. Ce mouvement sert à introduire l'appareil explosif de la torpille dans le circuit voltaïque d'une pile disposée à terre.

Il faut, pour que l'explosion ait lieu, le concours de ces deux circonstances, savoir: la volonté des défenseurs et le choc direct. Un des grands avantages de cette torpille est donc d'être complétement inoffensive à un moment donné, puisqu'en interrompant le courant de la pile le choc ne peut la faire partir.

Nous n'entrerons pas dans de plus longs détails sur le mode d'action du courant. Ce que nous venons de dire suffit pour faire comprendre, d'une façon élémentaire, la manière dont l'explosion a lieu à un moment donné.

Le moyen de contrôle est aussi simple que possible, il consiste à faire passer le courant de la pile et à lui faire traverser un galvanomètre. Si la torpille a fait explosion, le fil ayant été coupé, le courant passera et l'aiguille du galvanomètre sera agitée.

Mines sous-marines non automatiques.

(Système Ebner.)

Elles sont indépendantes du choc des navires; les différences principales consistent en ce que:

1° Elles sont plus chargées de poudre, devant éclater à distance et non par le choc;

2° L'amorce métallique est complétement dans le circuit et l'étincelle est communiquée à l'aide de machines magnéto-électriques à l'instant où le bâtiment ennemi passe dans la sphère de destruction.

Cet instant est déterminé de diverses façons, ainsi que nous l'indiquerons en parlant des systèmes employés par les Anglais.

Les Torpilles en Angleterre et en Amérique:

Les craintes chimériques et continuelles de débarquement des Français en Angleterre ont depuis longtemps porté l'industrieuse nation britannique à l'étude des moyens les plus favorables à la défense des côtes. Aussi les Anglais ont-ils poussé la science des torpilles à un haut degré de précision, au moment où leurs anciens rivaux les Américains arrivaient au même but par des motifs à peu près semblables, mais plus sérieux.

L'Amérique est sillonnée en tous sens par des fleuves immenses dont le plus étroit dépasse de beaucoup nos plus larges voies d'eaux européennes.

Dans ces rivières, les bâtiments cuirassés de fort tonnage remontent en escadre, ce qui explique que la guerre désastreuse qui a si longtemps séparé le Nord du Sud, a fourni de nombreuses occasions d'essayer les torpilles.

Les fédérés perdirent aux siéges de Mabile et de Wilmington plusieurs navires par les torpilles, ainsi que le constate le rapport adressé au congrès par le secrétaire de la marine des Etats-Unis, en décembre 1865. — Les batteries de ces deux places, formidablement armées et servies avec vigueur, ne firent aux bâtiments que fort peu de mal et ne parvinrent pas à en couler.

Voilà donc la puissance de la torpille parfaitement établie.

Nous avons dit, au commencement de cette étude, que deux hommes, le capitaine MAURY, hydrographe américain, et le capitaine anglais HOUSTON HEWART R. N., ont surtout contribué à élever l'étude des torpilles à l'état de science.

Ils se proposaient de remplir les conditions suivantes :

(a) Construire des torpilles qui ne fussent ni explosives d'elles-mêmes, ni dangereuses, ni susceptibles d'éclater accidentellement par le choc ou par l'imprudence.

(b) Arriver à une construction telle qu'il soit possible d'éprouver à tout moment les circuits sous-marins ou terrestres des torpilles sans danger d'explosion, de télégraphier à travers la charge sans aucun risque de l'enflammer.

(c) Parvenir à mettre le feu aux mines à volonté et à faire éclater plusieurs torpilles en groupe, avec un seul fil, à des distances qui excèdent celles de la portée du canon, et que l'explosion ait lieu seulement lorsque le navire ennemi se trouve dans la sphère d'action destructive de la torpille.

(d) Rendre possible l'explosion des torpilles, même si l'ennemi réussissait à rompre le fil conducteur.

Nous allons examiner la manière heureuse par laquelle les ingénieurs éminents ont résolu ces diverses questions.

Construction des Torpilles.

La torpille comprend trois choses :
1° La fusée ;
2° La charge ;
3° La caisse de la torpille.

1° *La fusée.* — Nous rejetons l'étude de la composition chimique de la fusée à la note placée à la fin de ce chapitre, pour que l'on puisse comparer les diverses compositions en usage. Quant à la construction, elle est très-simple. Les deux extrémités des fils métalliques conducteurs passent à travers un cylindre de bois, de manière que les coins dépassent un peu et soient séparés d'environ un quart de pouce (1) ; sur ces extrémités en saillie, on place une petite quantité de mélange fulminant.

Ce mélange est ensuite recouvert d'un tube contenant du pulvérin solidement fixé dans la tête en bois (*Pl. III, fig.* 1). La détonation du mélange au passage met le feu à la poudre et enflamme la mine.

2° *La charge.* — Nous n'examinerons pas la quantité de poudre de la charge ; cela dépend des effets à produire, du matelas d'eau sous laquelle la torpille est placée, de la force explosive de la poudre employée, éléments sur la plupart desquels on n'est pas encore d'accord, et qui varient à l'infini : donc l'équation de ce problème est d'une solution très-difficile. Toutefois, si l'on n'est pas encore arrivé à la certitude, on est du moins parvenu à une précision suffisante.

3° *La boîte.* — La construction de la boîte de la torpille varie naturellement suivant qu'elle est destinée à flotter ou non. Dans le premier cas, on la pourvoit d'une chambre à air.

(1) Le pouce anglais vaut 0^{m}02339.

Dans le second cas, ses cloisons sont simplement étanches et le coffre doit être plus pesant.

Un système de plans inclinés, semblables à ceux représentés sur la figure (*Fig.* 3), pourra permettre d'utiliser les courants à faire prendre à la torpille une position constamment verticale.

Nous allons donner les détails des circuits qui remplissent la condition *b*.

A chacun des deux ports A et B (*Fig.* 3, *pl. III*), sur l'un et l'autre côté du golfe, des observateurs sont stationnés avec des appareils télescopiques.

Dans ces instruments (*Fig.* 4), des télescopes sont fixés sur des pivots verticaux; ils se meuvent seulement dans le plan horizontal et parcourent l'horizon et l'Océan à une certaine élévation.

A l'axe et se mouvant dans le même plan est attaché un bras qui complétera le circuit entre deux points quelconques sur lesquels les extrémités A et B peuvent passer en même temps.

Le mécanisme A est destiné à compléter le circuit juste à l'instant où l'ennemi passera dans le champ de vision V.

Le relèvement angulaire de la position de la torpille au moment de son immersion est exactement enregistré par les observateurs en A et en B. — Il en résultera que lorsque l'un des télescopes, suivant le mouvement de l'ennemi, se trouvera correspondre à cet angle, il sera en ligne avec la torpille ou le groupe de torpilles.

La position exacte de chaque torpille est donc déterminée par le *croisement* de deux relèvements. Il est tellement important de maintenir une communication télégraphique indépendante entre les diverses stations éloignées et le centre d'action, qu'un circuit métallique doit être employé pour éprouver et enflammer les mines.

Ce fil, qui prend la place du circuit de retour à travers la terre, permet d'exécuter les opérations d'épreuve avec une très-grande exactitude et de découvrir immédiatement, par la résistance connue du circuit, s'il y a une avarie ou une rupture dans le conducteur.

La possibilité d'éprouver à chaque instant la condition effective des circuits et de l'état des torpilles et de télégraphier à travers les mines au moyen de courants assez faibles pour éviter le danger d'inflammation de la torpille, constitue un des traits les plus importants du nouveau système et l'un de ceux qui ont le plus contribué à inspirer de la confiance pour la torpille sous-marine. Ce procédé place le système anglais bien au-dessus du système EBNER.

Jusqu'au commencement de 1864, aucun système convenable n'ayant été trouvé pour s'assurer de la condition effective des fils et des connexions destinées à faire éclater la mine, la torpille comme moyen de défense était regardée comme avec doute et incertitude.

Aujourd'hui, avec le nouveau système, on peut sans crainte faire traverser la torpille par des courants d'épreuves d'une grande intensité, avec une parfaite immunité de tout danger.

Le même appareil qui autrefois faisait éclater la mine n'aura désormais aucun effet sur la fusée, excepté de faire passer à travers les conducteurs du circuit et les connexions internes de la fusée de la torpille, des courants d'une intensité suffisante pour indiquer le degré d'intégrité de chaque connexion et permettre l'emploi d'un appareil destiné à télégraphier à travers la mine de station à station.

Il est inutile de démontrer l'importance de ce résultat. — Supposons qu'une flotte ennemie s'avance dans un canal ; avec ce système des ordres seront immédiatement transmis de A à B, pour diriger l'attention sur tel et tel navire ou faire sauter tel ou tel groupe.

En exposant le principe au moyen duquel le courant d'épreuve et de communication télégraphique traverse sans danger la mine, il est nécessaire d'appeler l'attention sur ce fait : dans le but de faire passer un courant d'électricité dans une direction quelconque indiquée, il faut préparer pour la réception un autre chemin métallique; dans la construction de la tête de la fusée, le circuit métallique des fils conducteurs aa, bb, est divisé en B en interrompant le chemin métallique direct de tout courant, passant de a à b. On place la composition fulminante en contact avec les extrémités de ces fils.

Cette composition, bien qu'elle soit suffisamment conductrice pour admettre le passage de faibles courants voltaïques pour des circuits d'épreuve peu étendus, destinés à vérifier l'intégrité de la fusée avant de l'employer dans la caisse de la torpille pour enflammer la charge, éclatera par sa résistance, dès qu'un courant d'intensité la traversera.

Un *pont* métallique a donc été introduit pour procurer un chemin direct au courant d'intensité dans la direction a D b, en laissant de côté la composition fulminante.

Ce pont métallique est composé d'un fil de platine fin de 0,005 de pouce, moins épais qu'un cheveu.

La faible longueur employée offre peu de résistance en la comparant avec le reste des fils ou circuits. On peut prendre trois pieds ($0^m.914$) de ce fil mince, comme représentant approximativement une résistance équivalente à la longueur d'un mille du conducteur sous-marin.

Au moyen de ce pont métallique les courants d'épreuve et de communication télégraphique passent sans danger à travers la torpille et la charge le long des fils conducteurs de station en station. Et afin de protéger encore plus efficacement contre la possibilité du danger ou d'une explosion accidentelle de la mine pendant les courants d'épreuve ou de télégraphe traversant la charge, on a interposé un circuit interrompu entre une des extrémités du pont et la fusée, ce qui coupe toute communication avec la composition détonante en A.

Le circuit interrompu ou golfe est indiqué en B; grâce à lui, le passage des courants d'intensité est interrompu et on évite le danger des courants divisés.

L'expérience détermine la longueur du fil qui compose le pont.

Les résistances étant connues et susceptibles d'être réglées, la fusée, le pont, le golfe et l'amorce peuvent être disposés convenablement et formés tout prêts à être introduits dans la caisse de la torpille suivant la grandeur et les conditions de la mine, ce qui répond à la condition *c*.

Le système est devenu tel, que si l'on désire faire éclater une torpille à mille mètres ou un groupe de dix torpilles avec un seul fil, on a la charge d'inflammation convenable toute préparée; il n'y a plus qu'à les mettre dans la caisse de la torpille et à la sceller.

Les charges d'inflammation sont simplement des cylindres convenablement isolés d'où partent deux fils conducteurs; les cylindres contiennent la fusée, le pont et la charge d'inflammation.

On les place dans les mines, comme une fusée dans un obus.

Examinons maintenant l'inflammation de la mine.

Nous avons vu plus haut que les deux télescopes formaient un recoupement; quand le navire ennemi se trouvera à la fois dans la ligne de visée des deux télescopes (1), placés tous les deux dans l'angle de relèvement, il passera dans la sphère d'action de la torpille.

Quelque court que soit le temps du passage du navire dans

____

(1) On les appelle aussi *toposcopes*, parce qu'ils sont destinés à faire connaître l'endroit (τόπος) où se trouvent les torpilles.

le cercle efficace, la prodigieuse vitesse de propagation de l'électricité permettra de faire sauter les bâtiments.

Rappelons, du reste, que les circuits ne seront fermés qu'à ce moment.

L'électricité employée pour enflammer les mines est essentiellement différente de celle employée pour les épreuves. Le courant d'épreuve passe par le pont métallique, de préférence à prendre le circuit à travers la fusée et le golfe. Pour faire prendre l'autre chemin à l'électricité, on emploie des courants d'électricité accumulée.

L'électricité de cette nature préfère passer par la fusée et *sauter* à travers le golfe, plutôt que de frayer sa voie à travers la résistance presque infinie que lui offre le fil fin du pont.

Quant aux appareils, le capitaine HOUSTON HEWART R. N. préfère les appareils magnéto-inducteurs de Weathstone.

NOTES

A

Poudres employées.

Le capitaine MAURY s'exprime ainsi dans une lettre en réponse au capitaine HOUSTON HEWART R. N. sur la question de savoir s'il faut préférer la poudre à combustion lente ou vive : « C'est précisément un point « sur lequel nous manquons d'expérience ; les résultats des essais exécu- « tés en Autriche, sous la direction du baron EBNER, accordent la pré- « férence au coton-poudre sur la poudre ordinaire, à cause de sa prompte « inflammation et de sa force explosive. Dans les torpilles on a « laissé des diaphragmes pour donner de la place à l'explosion des tor- « pilles ; mais les expériences ne sont pas en faveur de la gomme élas- « tique ou de toute autre matière légère pour l'enveloppe de la torpille. « Il faut, au contraire, quelque chose d'assez fort pour résister à l'explosion, « jusqu'à ce que la matière explosive ait eu le temps de s'enflammer. « — Les torpilles si heureusement employées sur le *James-River*, étaient « faites en tôle de chaudières ; nous n'avions pas de fulmi-coton et elles « étaient remplies avec de la poudre ordinaire et coulées au fond. »

Les poudres ne rentrant pas dans le cadre de notre travail, nous avons rejeté ici quelques mots sur le picrate de potasse et la nitro-glycérine.

Picrate de potasse. — Le picrate de potasse, d'une belle couleur jaune, comme l'acide picrique cristallisé en prismes rhomboïdaux, — insoluble dans l'alcool, l'est presque dans l'eau.

Il détone vers 310° et 320°, — s'enflamme par l'approche d'un corps. — Il a été étudié complétement par M. DÉSIGNOLLE, d'Auxerre ; sa formule est :

$$C^{12} H^2 K (Az O^4)^3 O^2.$$

En vase clos, il donne naissance aux divers composés suivants :

$$C^{12} H^2 K (Az O^4)^3 O^2 = 3 Az + 5 C O^2 + O + K O, C O^2 + 6 C.$$

D'où l'on voit qu'il ne produit que deux espèces de corps solides : carbonate de potasse et charbon.

Mélangé avec du salpêtre, le picrate forme une poudre dix fois plus puissante que la poudre noire et dont on peut modifier à volonté les propriétés brisantes par l'addition d'un peu de charbon.

Nitro-glycérine. — La nitro-glycérine possède une force explosive considérable. — L'usage en a été vulgarisé par un chimiste suédois nommé NOBLET.

On l'obtient en versant par petites quantités successives de la glycérine dans un mélange de 1 volume d'acide azotique et de 2 volumes d'acide sulfurique.

Le maniement de cette substance est excessivement dangereux. Elle fait quelquefois explosion sans cause connue.

B

Substances explosibles employées.

Système russe (JACOBI). { Acide sulfurique. sur { Chlorure de potasse. mélange { Sucre.

Système paraguayen. — Acide sulfurique sur { Fulmi-coton. Carbonate de potasse.

Système autrichien. { Courant magnéto-électrique { Sulfure d'antimoine 50 Chlorate de potasse 50 } 100 parties. Et un peu de plombagine.

Système anglais (fusées ABEL). { Sous-sulfure de cuivre 64 Chlorate de potasse 22 Sous-phosphure de cuivre 14 } 100 parties.

C

Appareils employés.

Nous n'entrerons pas dans les détails des appareils, cette question devant être traitée plus au long dans un précis de physique destiné à précéder l'ouvrage.

Les trois appareils le plus fréquemment employés sont : la bobine de Rhumkorf, les appareils magnéto-électriques de Weathstone et de Markus.

1° La bobine de Rhumkorf est le plus puissant appareil d'induction qui soit employé de nos jours. Les effets en sont prodigieux.

En 1860, avons-nous dit quelque part, on s'en servit pour faire sauter le fort principal de Peï-ho, au moyen de huit fourneaux employés simultanément; M. TRÈVES, lieutenant de vaisseau, fut chargé de cette opération. L'explosion réussit mathématiquement.

2° Les Anglais préfèrent l'appareil magnéto-électrique de Weathstone; nous manquons de renseignements sur la puissance de cet appareil.

3° Enfin les Autrichiens font usage de l'appareil à mouvement instantané magnéto-électrique de M. MARKUS, de Vienne.

Cet appareil, basé sur la production des extra-courants, est d'une grande simplicité ; il donne, paraît-il, de bons résultats.

Il y a trois modèles : le plus petit peut enflammer jusqu'à six amorces à 700 mètres ; les deux autres mettent le feu à huit ou quinze.

—

TROISIÈME PARTIE

TÉLÉGRAPHIE

—

Histoire de la Télégraphie.

De tous temps, les généraux, chefs de troupes ou de tribus, ont cherché à correspondre avec leurs chefs ou avec leurs subordonnés, au moyen de signaux rendant la communication plus rapide.

César nous apprend, dans ses *Commentaires*, que les Gaulois s'avertissaient par des cris qui étaient entendus d'un lieu à un autre, de sorte que le massacre des Romains, qui avait été fait à Orléans au lever du soleil, fut connu à neuf heures du soir, en Auvergne, à quarante lieues de distance.

Les Romains avaient établi sur les principales routes des tours palissadées, au sommet desquelles on attachait une torche enflammée destinée à transmettre des signaux. Nous avons vu à Rome, sur l'un des bas-reliefs de la colonne Trajane, une de ces tours. Elle est de forme carrée et présente à sa partie supérieure une sorte de fenêtre, par laquelle on agitait une torche, suivant les signaux convenus.

A Constantinople, des feux allumés sur les montagnes voisines annonçaient l'approche des Sarrasins, au moment où ces derniers commençaient à envahir l'empire byzantin.

Les Kabyles et les Arabes, durant nos longües guerres contre eux, se communiquaient les mouvements de nos colonnes, soit la nuit, en allumant des feux sur les montagnes, soit dans le jour, en agitant leurs burnous d'une manière particulière.

La téléphonie (ou l'emploi des batteries et des sonneries) a été également employée par beaucoup de peuples. Les Suisses et les Italiens du v⁰ siècle se servaient de roulements de tambours; mais cet instrument ne peut faire parvenir ses sons qu'à une distance relativement très-rapprochée. Le clairon porte plus loin; mais après des expériences souvent répétées, et notamment celles faites en 1829 et 1850, par M. François SUDRE, on a à peu près renoncé à ce procédé, qui ne pouvait guère servir qu'à communiquer des ordres ou des avertissements à peu de distance.

L'admirable invention du télégraphe aérien par Claude CHAPPE excita, en prairial an II, un véritable enthousiasme.

Chacun sait que l'appareil de CHAPPE consiste en une longue poutre aux extrémités de laquelle sont articulées deux autres de plus petite dimension. La poutre principale est mobile autour d'un support placé au sommet d'une tour. Partant de là, on voit facilement qu'en faisant représenter à l'appareil diverses figures correspondant aux lettres de l'alphabet, on pouvait certainement communiquer. Aussi établit-on de suite un réseau de postes et leur premier emploi fut d'apprendre à la Constituante la bataille de Jemmapes.

Mais cette belle idée rencontra dans l'application bien des difficultés. Par les temps sombres ou par les brouillards, les communications étaient souvent difficiles, parfois impossibles, et ne pouvaient jamais avoir lieu de nuit.

Dès lors on comprend l'empressement avec lequel on accueillit la télégraphie électrique; là, point ou peu de retard, une rapidité de propagation qui ne peut se comparer qu'à celle de la lumière ou de la pensée.

Des différentes applications de la télégraphie, la plus importante, dit M. du MONCEL, est bien celle qu'on peut en faire aux opérations militaires. Quand on réfléchit que le télégraphe électrique donne à un général en chef, non-seulement la facilité de transmettre instantanément ses ordres aux différents corps d'armée qu'il commande, mais encore la possibilité d'être renseigné à chaque moment sur les mouvements de l'ennemi ; quand on pense qu'une armée peut se trouver de cette manière reliée directement avec ses bases d'opérations et la mère-patrie, on se demande si, avec de pareils moyens, le hasard et l'imprévu joueront encore un rôle dans les guerres futures. Dans tous les cas, la partie pourra être jouée savamment sans que des circonstances accidentelles viennent déranger les combinaisons, et le général pourra déployer alors toute sa tactique et toute son habileté.

Qu'est-ce donc que ce moyen qui donne une telle rapidité au commandement? La télégraphie électrique est basée sur la propriété des courants d'aimanter le fer doux. Cette propriété trouvée, on conçoit facilement que l'on puisse, en faisant varier la durée des passages du courant, faire tracer à un crayon fixé sur le fer aimanté des lignes et des points, signes représentatifs des lettres de l'alphabet.

Dans les premiers télégraphes, le fer aimanté faisait mouvoir une aiguille sur un cadran portant des lettres ; ce système entraînait de grandes difficultés pratiques, et l'on s'est arrêté généralement au télégraphe MORSE, qui représente par traits et par points les caractères alphabétiques. Le courant était établi, dans les premiers télégraphes, par deux fils aboutissant aux deux pôles d'une pile ; on a bientôt découvert que l'on pouvait avantageusement remplacer l'un des deux fils par la terre, qui transmet avec une rapidité presque égale les courants électriques.

Aussi tout télégraphe se compose essentiellement d'une pile, d'un fil électrique isolé parfaitement et de deux appareils, l'un dit manipulateur, chargé de transmettre la dépêche, et l'autre récepteur, chargé de la recevoir.

Le télégraphe MORSE jouit de ce double avantage de recevoir et d'inscrire les dépêches; mais il a l'inconvénient d'exiger une longue instruction.

Nous allons examiner brièvement les divers appareils énumérés ci-dessus, sans perdre de vue que nous nous occupons exclusivement d'appareils pouvant servir à la télégraphie militaire, c'est-à-dire réunissant les conditions de mobilité et de stabilité indispensables pour ce service.

1° *Pile*. — En employant le mot pile en général, nous nous sommes servi d'un terme peu exact; nous voulions dire appareil producteur de courants électriques. Dans cet ordre d'idées, nous rencontrons en effet :

(*a*) Les piles;

(*b*) Les machines électro-magnétiques.

(*a*) Les piles sont basées sur la production des courants par des décompositions chimiques. Il y a naturellement un grand choix à faire. Il faut s'arrêter uniquement à celles à courant constant, et dans leur nombre nous ne devons prendre que les piles facilement transportables. Nous laisserons donc de côté les piles de BUNSEN, de DANIELL et de GROWE.

Celles qui ont donné les meilleurs résultats pour la télégraphie militaire sont celles de MARIÉ-DAVY et LECLANCHÉ. La description de ces piles ne rentre pas dans notre cadre. Disons seulement que la première est jusqu'à présent la plus usitée et celle qui répond le mieux à notre but. La pile LECLANCHÉ, dont M. le capitaine DUMAS parle avec avantage, aurait, au dire de la commission militaire sur l'Exposition de 1867, l'inconvénient capital de s'arrêter au bout de quatre à cinq heures de travail. De nouvelles expériences viendront sans doute prochainement trancher la question.

(*b*) Machines électro-chimiques.

Ces machines sont basées sur la propriété des aimants, de développer des courants dans les circuits dont ils s'approchent ou s'éloignent. Les courants ainsi produits sont dits *courants d'induction*; ils sont très-puissants et l'on a vu, dans les deux premières parties, quelles applications on a su en faire pour l'éclatement des mines et des torpilles.

Les officiers électriciens font de nombreuses expériences sur ces machines qui ont l'avantage de supprimer les piles et, par conséquent, un matériel toujours encombrant.

2° *Fil électrique.* — Nous en reparlerons lorsqu'il s'agira d'établir les lignes militaires.

3° *Manipulateur et récepteur.* — Nous avons représenté (*Fig.* 1, *pl. IV*, et *fig.* 2) un manipulateur et un récepteur réduits à leur plus simple expression.

Le manipulateur consiste en un levier A B mobile en O et pressé dans sa position normale par un ressort R. — Dans cette position, la pointe a pose sur l'enclume a', et un courant venant de la ligne C D se rend par O B a a' H b au récepteur.

Si, au contraire, on presse sur la poignée N, le circuit de la pile se trouve fermé, le courant b H est interrompu et nous avons un courant qui suit la marche E F $b'b$ O D C.

Le récepteur que nous représentons (*Fig.* 2) se compose essentiellement de trois parties :

L'électro-aimant,

Le levier,

L'appareil imprimant.

L'électro-aimant se compose des bobines π, sur lesquelles s'enroule le fil, puis des pièces de fer doux : M N, m μ, m' μ'.

Le levier mobile autour du point O porte à une de ses extrémités B une armature C D, et à l'autre un coutelet I destiné à l'appuyer sur les bandes de papier représentées en $\beta\beta'$.

Un petit ressort tient le levier écarté quand l'aimant n'agit plus. L'appareil imprimant se compose de deux molettes ou roues, la première imbibée d'encre qu'elle donne à la seconde.

Quand le courant passe, l'armature est attirée, le coutelet appuie le papier sur la molette et trace un trait aussi longtemps que dure le courant.

Tout, grâce à un appareil d'horlogerie, varie d'un mouvement uniforme dans le sens horizontal. Les lettres sont représentées par points et par traits de la façon suivante :

a · —	i · ·	r · — ·
â · — · —	j · — — —	s · · ·
b — · — ·	k — · —	t —
c — · — ·	l · — · ·	u · · —
ch — · — ·	m — —	û · · — —
d — · ·	n — ·	v · · · —
e ·	ñ (gn) — — · — —	w · — —
è *ou* ê · · — · ·	o — — —	x — · —
f · · — ·	ô — — — ·	y — · · —
g — — ·	p · — — ·	z — — · ·
h · · · ·	q — — · —	

Nous venons de voir les appareils essentiels de transmission : il y a d'autres appareils non moins nécessaires, mais que nous ne décrirons pas ; ce sont :

Le *galvanomètre*, basé sur la propriété des courants de faire dévier les aiguilles aimantées. Cet appareil est destiné à faire connaître l'état du courant, son intensité.

Le *paratonnerre*, dont le but est de remédier aux désordres graves que les orages peuvent produire et à empêcher tout danger pour les électriciens.

Il y en a plusieurs sortes.

Le *commutateur*, destiné à faire passer le courant par le fil que l'on veut.

Le *toposcope*, décrit en parlant des torpilles (système anglo-américain), est en même temps un véritable commutateur, puisqu'il peut à volonté faire passer un courant par un fil ou par l'autre.

Enfin les *sonneries*, destinées à faire connaître les appels qu'un poste peut faire à un autre.

La seule usitée est celle dite *trembleur* et dont on voit une application continuelle, dans les gares de chemin de fer, au passage des trains.

Nous allons maintenant passer en revue l'organisation du service télégraphique chez les principales puissances, et, quand nous en serons arrivé à la France, nous indiquerons les appareils adoptés à la suite des nombreuses expériences faites chez nous.

Organisation du service télégraphique militaire chez les principales puissances.

Les Anglais, les premiers, ont organisé un service télégraphique militaire : ce fut au moment de la formidable insurrection des Cipayes de l'Inde.

Pour relier les nombreuses colonnes qui opéraient à des distances parfois considérables, on rassembla à la hâte des fils, on les roula sur de grandes bobines placées sur des chariots et on transporta des appareils de transmission avec les autres bagages.

La nature du sol permettait souvent de dérouler les fils sans autre précaution, le métal étant suffisamment isolé, grâce à la sécheresse du climat.

Dernièrement encore, les Anglais ont fait suivre leurs colonnes d'Abyssinie par le télégraphe, et sir NAPIER a pu dater des dépêches de Magdala.

En 1860-61, les Italiens firent des essais sérieux ; ils construisirent autour d'Ancône vingt kilomètres de lignes télégraphiques distribuées dans cinq stations, combinées avec des sémaphores qui se reliaient à la flotte.

L'organisation du corps des signaux (*signal-corps*) chez les Américains a été décrite d'une façon si claire et si instructive par M. l'intendant Vigo-Roussillon, que nous ne croyons pas pouvoir mieux faire que d'extraire de son ouvrage les quelques lignes consacrées à ce sujet :

« Le corps des signaux comprend environ deux cents officiers (1) de grades divers depuis celui de colonel jusqu'à celui de lieutenant, des sous-officiers, caporaux et soldats en nombre variable. Il est destiné à pourvoir :

« 1° Aux signaux télégraphiques aériens et aux communications sémaphoriques avec la marine ;

« 2° A la télégraphie électrique sédentaire spéciale à l'armée ;

« 3° A la télégraphie mobile qui accompagne les troupes en opérations.

« Il était employé d'une manière permanente à l'observation des mouvements de l'ennemi et devait télégraphier ses observations. Le corps des signaux était, en outre, chargé de l'achat, de la conservation et de la mise en service de tous les appareils destinés à cette mission spéciale. L'armée du Sud eut pendant toute la guerre, comme celle du Nord, son corps des signaux. »

Signaux aériens (2). — Les signaux aériens se font soit avec le télégraphe Chappe, soit avec des pavillons et des voiles de plusieurs couleurs, soit enfin, pendant la nuit, avec

---

(1) M. Vigo-Roussillon écrivait en 1862, au moment de la guerre d'Amérique ; les réductions de l'armée américaine ont naturellement porté sur le corps des signaux comme sur les autres armes.

(2) Nous avons conservé ce chapitre bien que ne s'appliquant pas aux électriciens, car il nous semble qu'il est bon de connaître dans son entier l'organisation du *signal-corps*.

des lanternes colorées, des feux de Bengale et des fusées. Dans tous les cas, le chiffre des traducteurs doit être changé fort souvent, parce qu'il peut être facilement découvert par l'ennemi.

Ainsi, au début de la campagne de Virginie, en 1864, au moment du passage du Rapidan, un poste-signal des confédérés rendait compte, au fur et à mesure, de l'effectif des troupes qui passaient la rivière. Son chiffre était connu, ses observations furent remises le soir au général MEADE, il ne s'était pas trompé d'un homme. Il est facile de comprendre quelle peut être l'importance de ce service, mais il a besoin d'être confié à des mains prudentes et intelligentes, car les faux rapports peuvent créer de véritables dangers. Ainsi le général SCHMIDT, chargé d'attaquer une position, suspend une attaque commencée sur l'avis donné par le corps des signaux qu'une forte colonne confédérée s'approche. L'avis était le résultat d'une erreur. L'attaque différée est reprise deux jours après, mais alors des fortifications nouvelles avaient été élevées et les fédérés perdent inutilement six mille hommes.

En marche ou en position, le corps des signaux a toujours des postes ou des vedettes placés sur des lieux élevés, tels que des clochers, des maisons et le plus souvent des arbres. Les sous-officiers et même les officiers de ce corps sont munis de crampons pour grimper rapidement et commodément sur les arbres les plus élevés. Leurs rapports, habituellement transmis par la voie télégraphique, adressés au général en chef ou au chef d'état-major général, sont toujours confidentiels.

L'armée américaine, qui a tiré un très-bon parti du corps des signaux, avait remédié par cette création, en ce qui concerne le service des reconnaissances, à l'absence d'un corps d'état-major organisé comme le nôtre. Mais nos officiers d'état-major ne pourront rendre les mêmes services que lorsqu'ils seront pourvus d'aides bien choisis, munis de tous les appareils convenables et lorsqu'ils seront exclusivement chargés de ces soins importants.

Télégraphie sédentaire. — La télégraphie publique est exploitée, aux États-Unis, par des particuliers ou des compagnies tout à fait étrangères au gouvernement. Comme il eût été impossible d'obtenir de ce personnel le secret indispensable aux opérations militaires, l'armée dut créer pour ses propres besoins un réseau spécial comprenant quelquefois des parties immergées. Après les trois premières années de guerre, le réseau militaire avait une étendue de huit mille cinq cent vingt et un kilomètres; il avait transmis douze cent mille télégrammes de dix à mille mots, soit en moyenne onze cents télégrammes par jour.

Télégraphie mobile. — Le corps des signaux s'est proposé de maintenir en communication télégraphique soit l'armée en marche avec ses bases successives d'opérations, soit les ailes avec le centre de l'ordre de bataille, soit enfin la portion principale avec les corps détachés.

Les appareils employés dans ce but sont : dans les terrains faciles, des voitures à dévidoir; dans les parties du sol non carrossables, un mulet à dévidoir, enfin un dévidoir à main.

Chaque voiture de télégraphie porte une bobine qui peut dévider avec la vitesse du véhicule de huit à dix mille mètres de fil parfaitement isolé, posé sur le sol ou accroché aux arbres, aux maisons, à des supports quelconques. L'armée du Potomac disposait à elle seule, en 1864, de trente voitures de cette sorte.

Le mulet porte sur son bât un dévidoir plus petit qu'il déroule au pas ou au trot. Enfin, quand le terrain est trop accidenté, ou couvert de broussailles trop épaisses pour être praticable à la voiture ou au mulet, on fait usage d'un dévidoir à main.

On a pu, par ce moyen, communiquer d'une manière permanente et instantanée avec des corps éloignés de trente kilomètres. Quelquefois les fils télégraphiques étaient si rapprochés des tirailleurs ennemis qu'ils cherchaient à les couper avec des balles. L'artillerie y réussissait souvent, et alors les militaires du corps des signaux allaient sous le feu poser d'autres fils.

Un certain nombre d'entre eux ont été tués ou blessés.

Du reste, la télégraphie n'est pas la seule des inventions modernes dont les armées américaines aient fait usage.

Des ballons captifs étaient reliés avec la terre par un fil télégraphique tressé dans la corde qui les retenait. Des officiers, placés dans la nacelle, observaient l'ennemi avec de bonnes lunettes et télégraphiaient tout ce qui attirait leur attention.

Les électriciens employés avaient, dans les deux armées, acquis une telle habileté que le général confédéré MORGAN coupait une ligne télégraphique du Nord, en un point quelconque, y plaçait un traducteur à lui qui ne le quittait jamais, recevait ainsi les dépêches des autorités fédérales, y répondait à sa guise, leur donnait de fausses indications sur ses mouvements et leur tendait des piéges dans lesquels ils tombaient souvent.

Pour juger de l'activité du corps des signaux, il suffit de dire que le corps de l'armée du Nord a construit du 1er juillet 1864 au 30 juin 1865 :

> 3,247 milles terrestres (1);
> 68 milles sous-marins,

et, pendant la guerre, il a été construit et exploité environ 15,000 milles de télégraphes militaires.

Pendant la campagne de Schleswig, les Danois d'un côté,

______

(1) Le mille est de 1,852 mètres.

les Prussiens et les Autrichiens de l'autre, eurent un télégraphe militaire régulièrement organisé. L'essai des Danois, pour relier leurs cantonnements, ne fut pas des plus heureux. Les Prussiens réussirent mieux et continuèrent en 1866 leurs essais.

Les Espagnols avaient un télégraphe militaire pendant la guerre du Maroc. La Belgique et la Hollande s'en occupent actuellement.

La France a, depuis longtemps, reconnu la nécessité des télégraphes militaires.

Déjà nous avons eu un fil télégraphique pendant la guerre de Crimée reliant, à travers la mer Noire, Kamiesch à la côte occidentale et par elle à Vienne, Paris et Londres.

Dans la dernière campagne d'Italie, dit M. du Moncel, la télégraphie électrique militaire, bien qu'à son premier essai, a joué un rôle important, non-seulement pour les renseignements qu'elle a transmis continuellement au quartier général, mais surtout pour le ravitaillement de l'armée. Assurer toujours les communications télégraphiques du grand quartier général avec la France et les bases d'opérations, c'est-à-dire Turin, Alexandrie et Gênes ; relier entre eux, autant que pouvait le permettre la rapidité de leurs mouvements, les différents corps des armées alliées : tel était le problème qu'il s'agissait de résoudre, et l'on peut dire que la solution fut presque toujours remplie et souvent même dépassée. Dans l'origine, on avait pensé que des supports volants pourraient suffire au soutien des fils dans le genre du télégraphe, et, en conséquence, on n'avait songé à employer que des espèces de perches de 4^m.50 fendues par un bout, taillées en pointe par l'autre, qu'on devait ficher en terre comme des échalas. C'est même ainsi qu'avait été installé le télégraphe militaire des Autrichiens et des Piémontais ; mais on n'a pas tardé à reconnaître que, pour ces sortes de communications télégraphiques comme pour la télégraphie permanente, il fallait une organisation solide de poteaux qui pût non-seulement résister au choc des voitures et des mulets chargés, mais qui fût dans des conditions telles que la cavalerie pût passer sous les fils avec armes et bagages, et que les soldats ne pussent pas les enlever facilement pour en faire des piquets de tente ou du combustible. D'après le rapport de M. LAIR, chef du service télégraphique de l'expédition d'Italie, ce seraient des poteaux de 6 mètres ayant pour diamètres extrêmes $0^m.10$ et $0^m.05$ qui devraient être choisis pour cet usage, et les poteaux devraient porter à leur sommet une petite tige de fer, afin qu'on pût y fixer immédiatement après la pose, et sans le secours d'aucun outil, le support isolateur. Celui-ci devrait être en caoutchouc.

Quant aux appareils télégraphiques dont on s'est servi dans la campagne d'Italie pour l'armée française, ce sont des télégraphes MORSE fonctionnant avec une pile de sulfate de zinc de dix éléments. L'appareil avec tous les accessoires, le manipulateur, le rouet, l'encre oléique, les rouleaux de papier, les clefs, etc., était disposé à demeure dans une boîte de $0^m.38$ de longueur sur $0^m.17$ de largeur et de hauteur, et la pile était renfermée dans une boîte à part de mêmes dimensions en longueur et largeur, mais n'ayant pas plus de $0^m.14$ de hauteur. Bien entendu, le tout était enveloppé dans une espèce de sac en cuir analogue aux havre-sacs de nos soldats et susceptible d'être porté à dos d'homme. M. LAIR croit que ces boîtes devraient contenir en plus un parafoudre et des galvanomètres de rechange, car ces instruments ont été les seuls qui se soient dérangés pendant la campagne.

« La plus grande difficulté que nous ayons eue à surmonter pendant la campagne, dit M. LAIR, a été celle du transport de notre matériel sur des charrettes de toutes formes, nullement appropriées à nos besoins et ne pouvant prendre que de faibles chargements; il était, en outre, très-difficile de faire marcher les voituriers qui, n'étant soumis à aucune discipline, n'obéissaient que contraints par la force et se sauvaient avec leurs voitures quand ils n'étaient pas bien surveillés, laissant sur la route nos plateaux et nos fils. »

La main-d'œuvre, pour la plantation des poteaux, a été souvent aussi un obstacle à la prompte exécution des lignes. Il fallait perdre un temps précieux pour recruter directement ou réclamer des municipalités des manœuvres qu'elles étaient elles-mêmes très-embarrassées de fournir et toujours en nombre insuffisant.

Les inconvénients signalés par M. Lair étaient tellement graves qu'en 1863, MM. Schultz et Charrier furent chargés au camp de diverses expériences télégraphiques; ces expériences ne furent pas complétement satisfaisantes.

Enfin MM. Fix et Dumas, capitaines d'état-major, aidés d'un certain nombre d'officiers ayant étudié la branche télégraphique à l'administration centrale, furent désignés pour expérimenter sur un grand pied le service télégraphique militaire.

C'est aux travaux de ces officiers que nous avons emprunté les détails vraiment pratiques qui vont suivre.

Le but des télégraphes militaires est de relier entre eux les divers corps d'armée de manière que la transmission des ordres du général en chef ne souffre aucun retard et qu'il soit averti à temps des principaux événements se produisant vers l'un ou l'autre de ces corps, l'une ou l'autre de ces ailes.

Cette définition va nous permettre d'abord de restreindre notre réseau en fixant des limites aux dimensions des fils.

Toute dépêche électrique demande le temps d'être écrite, interprétée par le télégraphe, transcrite et envoyée à son destinataire.

Le capitaine Dumas estime ce temps, les retards compris,

à quinze minutes, temps qu'un officier bien monté mettra à parcourir trois ou quatre kilomètres.

Il faut en conclure que le télégraphe n'offrira un avantage que lorsqu'il parcourra une distance plus longue.

Théoriquement il n'y aurait d'autre limite supérieure à l'emploi du télégraphe que la puissance des sources électriques.

Mais il y a une autre limite, c'est celle de la surveillance des câbles.

M. le capitaine Dumas la fixe à deux marches et il conclut qu'en moyenne il n'y a pas lieu d'établir des lignes télégraphiques occupant une étendue plus longue que quarante kilomètres.

Avant de montrer la manière dont s'établit le réseau, examinons le matériel militaire spécial à employer.

Matériel.

Fils. — Il y a deux manières d'établir le fil télégraphique; on peut le mettre suspendu suivant le procédé employé généralement. Dans ce cas on ne se sert que de fil de fer ou de cuivre et l'on préfère le fil de *cuivre*, dont la conductibilité est cinq fois plus grande, de $0^m.0016$ de diamètre, dont le kilomètre pèse 28 kilog. 500.

La seconde manière est de laisser les fils traîner à terre; on a alors des câbles, car il faut évidemment garantir les fils du choc des voitures et de tous les écrasements pouvant se produire. M. l'ingénieur Blavier veut que l'on emploie à cet usage de légers câbles de fils recouverts de gutta-percha.

Mais il est avéré que la gutta-percha résiste moins à l'écrasement que le caoutchouc et qu'il faut lui préférer de beaucoup cette substance. La construction de ces câbles est limitée par les données de légèreté suffisante pour ne pas exiger trop de moyens de transport et de résistance aux chocs.

Le câble le meilleur se compose d'un cordage de sept fils de fer isolés par une gaîne en caoutchouc qu'on a pour plus de sûreté protégée par un ruban caoutchouté; on préfère dans ce cas le fer au cuivre à cause de sa plus grande résistance. Le diamètre de ce câble n'atteint pas cinq millimètres.

La rupture n'a lieu qu'à cent kilogrammes. Son poids kilométrique est de quarante kilogrammes.

Lances. — Pour suspendre les fils de la première espèce, on se sert de *lances,* c'est-à-dire de perches de 3^m.80 de long et d'une grande légèreté dont on peut mettre facilement deux cents sur une voiture du train. — On les enfonce de quarante centimètres en terre et on les consolide par des cordes dites haubans. Quand le fil traverse un chemin, on place deux lances bout à bout.

Isolateurs. — Pour supporter le fil sans que le fluide électrique puisse s'échapper, on emploie des *isolateurs* en caoutchouc qui consistent en une demi-sphère évidée, surmontée d'un cylindre creux.

Voitures. — Lorsque les lignes doivent être suspendues, on se sert de voitures différentes pour porter les appareils et le matériel.

Voitures-poste (Pl. IV, fig. 3). — Mais dès qu'on eut admis l'emploi général des câbles, on construisit des voitures-poste portant à la fois le câble et les appareils électriques, et l'on espéra même, un instant, pouvoir communiquer pendant la marche, de la même manière que les steamers communiquent avec la terre pendant le déroulement des câbles sous-marins : la pratique n'a point permis de réaliser cette idée.

La voiture-poste (*Fig. 3, pl. IV*), construite sur les modèles présentés par l'administration des lignes télégraphiques, est divisée en deux compartiments. — Celui d'avant, disposé en coupé assez large pour deux personnes, comprend : la boîte d'appareil, une sonnerie, deux commutateurs et les piles renfermées dans le coffre de la banquette. Une lanterne à bougie éclaire le travail de nuit.

Le compartiment d'arrière de la voiture est pourvu de chaque côté de deux longerons de fer, destinés à recevoir les axes des bobines, quatre à droite, quatre à gauche.

Ce compartiment contient en outre, pendus dans des sacs de toile placés de chaque côté, des joints pour réunir les câbles et divers instruments destinés aux travailleurs.

Le fil de terre partant du bureau de la voiture se prolonge jusqu'aux ressorts de derrière auxquels il est boulonné, les ressorts établissent la communication avec l'essieu, l'essieu avec la boîte du moyeu. — On attache à cette boîte une tige métallique qui traverse le moyeu, court le long d'un rais et atteint l'un des boulons qui serrent le cercle de la roue contre les joints. — Le fil de l'appareil qui doit être rattaché à la ligne est relié aux chemins de fer qui portent les bobines, il communique ainsi avec le câble pendant le déroulement même.

Observons, en terminant cette description de la voiture-poste, que la communication n'est pas aussi bonne qu'on pourrait le croire et que, sur les terrains pierreux et crayeux, on est souvent obligé de mouiller les roues de la voiture et même parfois d'enfoncer dans le sol un piquet creux percé de trous dans lequel on verse de l'eau. Une bobine reçoit facilement cinq kilomètres de fil, mais comme elle pèse alors cent cinquante kilogrammes, on se contente, pour plus de mobilité, de la charger de deux à trois kilomètres. Les huit bobines portent donc environ seize kilomètres de câble.

Poste central. — Le poste central est aussi mobile que les voitures-poste, seulement, n'étant pas destiné à l'enroulement, il peut occuper tout l'espace réservé aux bobines.

Chariots porte-bobines. — Les voitures-poste ne pouvant porter assez de câble et de matériel pour le cas du fil suspendu, on a construit des chariots qui portent à la fois des câbles, des fils, des lances, etc., et des outils.

Postes volants. — Enfin, pour les pays où l'on ne peut se servir de voitures, on a recours aux mulets de bât. Un premier mulet porte deux cantines renfermant les appareils et la pile appropriés à cet usage, un deuxième mulet a deux bobines.

Le déroulement ne pouvant se faire (1) à dos de mulet, ce qui déplacerait la charge, on a inventé pour cette opération une brouette qui reçoit deux bobines et est traînée par deux hommes.

Etablissement des lignes. — Voici maintenant la méthode adoptée pour établir les lignes.

Les officiers tracent la direction générale et surveillent la pose.

L'atelier se compose de :

1 sergent,

2 caporaux,

12 hommes.

L'atelier se répartit en trois groupes; le sergent seul en tête avec le premier groupe. Il trace la ligne pied à pied.

Ce groupe perce les trous destinés à recevoir les lances quand la ligne est suspendue; il creuse des rigoles, assure des passages au câble s'il s'agit de ce dernier.

Le deuxième groupe est aux bobines; il déroule le câble ou le fil, fait les épissures, établit les joints.

Le troisième groupe consolide et attache le fil, ou fixe le câble et le recouvre de terre.

Des crampons retiennent le câble en terre à des distances

---

(1) M. Vigo-Roussillon prétend que les mulets portaient des dévidoirs pour la pose des câbles du *signal-corps*. Il est fâcheux qu'il ne donne pas la description de ces dévidoirs.

variables selon le terrain. La vitesse moyenne de placement, en terrain plat, est de deux kilomètres à l'heure pour la ligne suspendue, et de cinq pour le câble.

Le relèvement s'opère naturellement en sens inverse et est beaucoup plus rapide.

Quant au choix à faire des lignes à fil ou à câble, il dépend uniquement des terrains.

Dans les villages, il faut préférer le fil suspendu pour le soustraire à des attaques trop faciles.

Pour traverser les rivières, le capitaine Dumas préfère les fils suspendus et il en donne des raisons très-bonnes, basées sur la légèreté des câbles, le principe d'Archimède (d'après lequel ils perdent une partie de leur poids), enfin les courants qui tendent à les rompre, soit par leur vitesse propre, soit par l'entraînement des bois flottants ou autres matériaux.

Après toutes ces explications, peu de mots sont nécessaires pour montrer l'usage qui doit être fait du télégraphe.

En principe, il est évident qu'il faut restreindre l'usage du télégraphe au plus petit nombre d'individus; c'est-à-dire, suivant M. le capitaine Fix, au commandant en chef, aux commandants de corps d'armée et à leurs chefs d'état-major.

Le service des plantons, pour porter les ordres, doit être parfaitement assuré, de manière qu'il y ait toujours un planton prêt à porter la dépêche.

Inutile de dire quel choix on doit faire d'hommes chargés de cette mission.

Le service télégraphique procède de la manière suivante :

Nous supposons une armée dont le quartier général étant en A (*Pl. IV, fig.* 4), les corps se trouvent d'abord placés en C, C', C".

L'armée avançant parallèlement, les corps occupent les

positions C_1, C'_1, C''_1; dans ce cas, les dépêches suivent le chemin A C C_1, A C' C'_1, A C'' C''_1.

Si alors le quartier général se déplace, le poste central restant, les communications se font par A' A C C_1, A' A C' C'_1, A' A C'' C''_1.....

A la troisième journée, le poste se déplaçant, et pour ne pas exiger un réseau trop considérable, il faudra établir les lignes A''C_2, A''C'_2, A''C''_2.

Dans ce cas, on devra procéder au relèvement de la partie abandonnée sous peine de laisser une valeur considérable, chaque kilomètre coûtant environ trois cent vingt francs.

Là, les auteurs que nous avons pris pour guides se divisent d'opinion; M. le capitaine Dumas se sent découragé par cette tâche. « Nous voilà, s'écrie-t-il, entraînés dans la création d'un corps télégraphique considérable. » Et pourquoi, nous dirons-nous avec MM. Fix et Vigo-Roussillon, pourquoi n'imiterions-nous pas en cela les Américains et les Russes?

Créons hardiment, comme eux, un corps électricien chargé des transmissions télégraphiques, des mines électriques, de l'éclairage électrique et, en temps de paix, des travaux relatifs à la galvanoplastie militaire.

Que l'usage du télégraphe soit applicable d'une façon permanente ainsi que le veut M. le capitaine Fix, ou d'une façon intermittente ainsi que le croit M. Dumas; en tout cas, au dire de ces deux officiers, il doit être uniquement stratégique et cesser sur le champ de bataille.

Avant de terminer ce chapitre, un mot d'une espèce de ligne dont nous n'avons pas parlé et qui sera toutefois fréquemment utilisée de nos jours, je veux parler des lignes établies par l'ennemi. M. Blavier résume ainsi à cette occasion les devoirs des électriciens :

Lignes prises à l'ennemi. — Lorsque l'ennemi a lui-même des lignes électriques, on peut, en arrivant à temps, s'emparer d'une partie de son matériel ; les agents du télégraphe doivent donc marcher à l'avant-garde, recueillir tout ce qui est susceptible d'être employé, en empêcher la destruction et faire servir à leur profit ce que l'ennemi n'a pu enlever.

La défense consiste, ici comme toujours, à tout détruire, mais seulement à la dernière extrémité, pour pouvoir s'en servir en cas de retour offensif ; l'attaque, à précipiter les mouvements et à empêcher ou arrêter la destruction : il peut donc s'engager des combats d'avant-garde ou d'arrière-garde, et l'on comprend combien d'énergie et de courage doivent déployer les fonctionnaires chargés de l'établissement des lignes électriques en campagne.

Nous arrêtons là notre tâche, en formulant le vœu de la création d'un corps spécial d'électriciens choisis parmi les officiers dont les aptitudes se sont dirigées vers les sciences physiques.

En France, pays des aptitudes diverses, nous ne devons pas tarder à rencontrer des hommes qui se feront une gloire de diriger leurs études vers ce genre de travail et qui sauront donner à la télégraphie militaire toute la perfection dont elle est susceptible.

Le Mans. — Imp. Ed. Monnoyer — Octobre 1871.

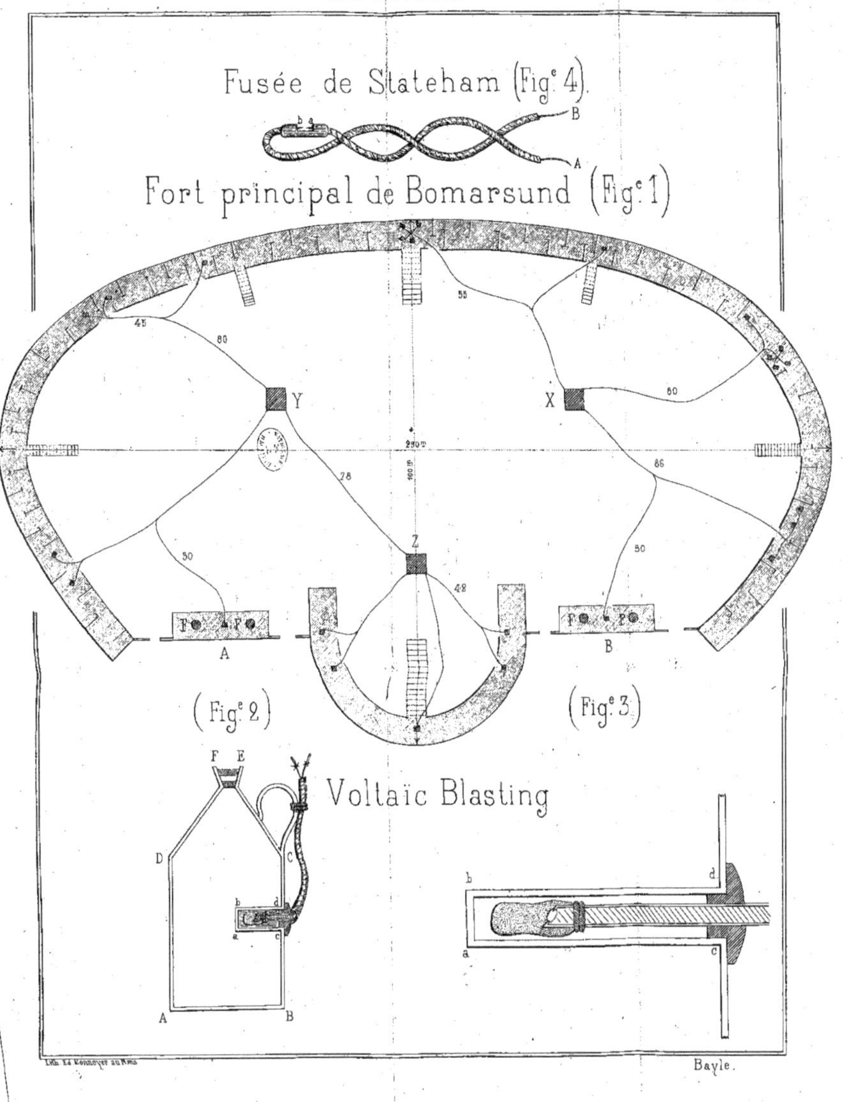

Fusée de Stateham (Fig. 4).
Fort principal de Bomarsund (Fig. 1)
Y
X
Z
A
B
(Fig. 2)
(Fig. 3)
Voltaïc Blasting
F E
D
C
A
B
Bayle.

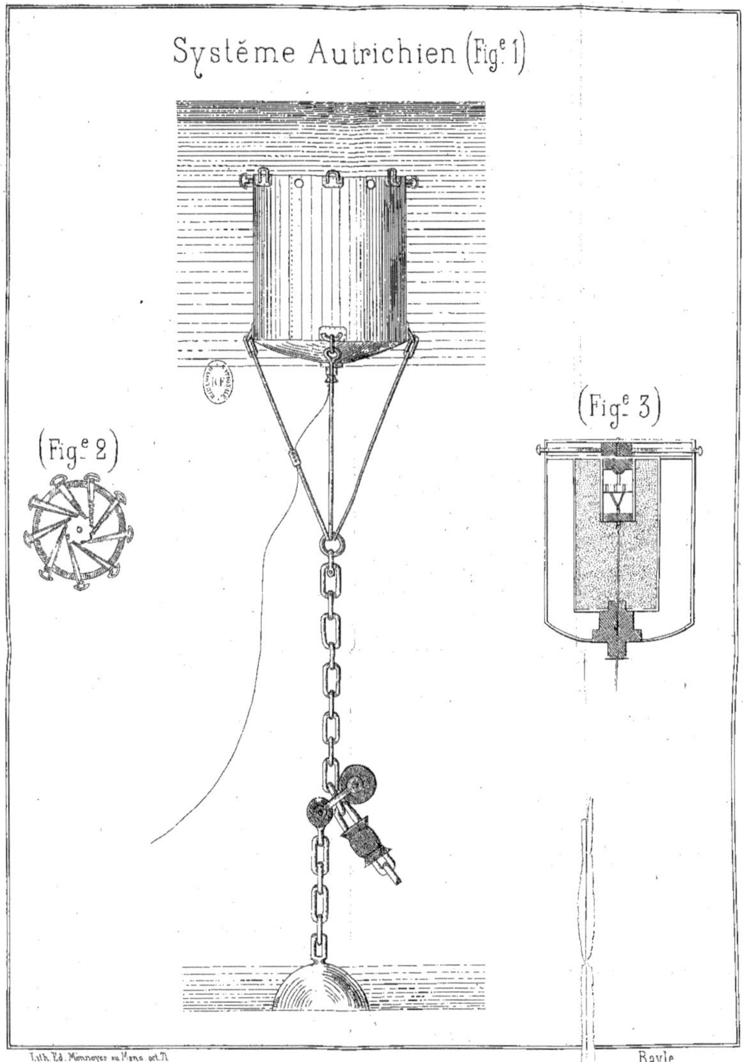
Systéme Autrichien (Fig.ᵉ 1)
(Fig.ᵉ 2)
(Fig.ᵉ 3)

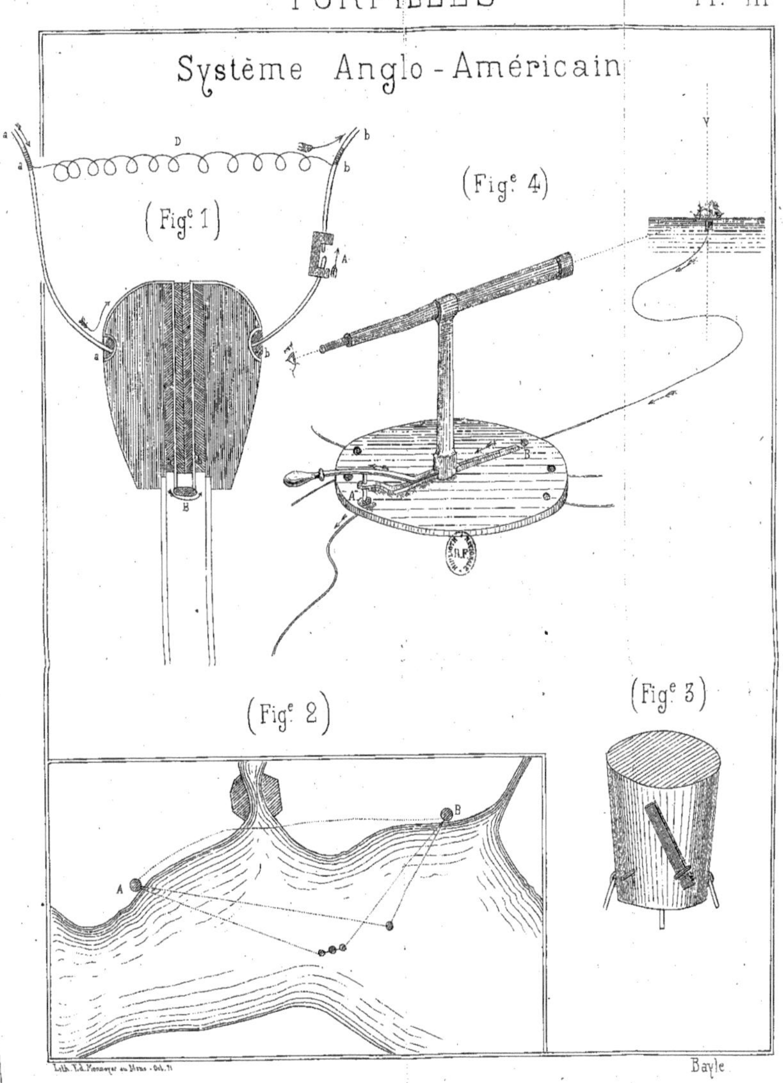
Système Anglo-Américain
(Fig.° 1)
(Fig.° 2)
(Fig.° 3)
(Fig.° 4)
a
b
b
D
A
B
A
B
A
B
Bayle

Manipulateur (Fig.ᵉ 1)
Réseau (Fig.ᵉ 2)
Récepteur (Fig.ᵉ 3)
Voiture-Poste (Fig.ᵉ 4)

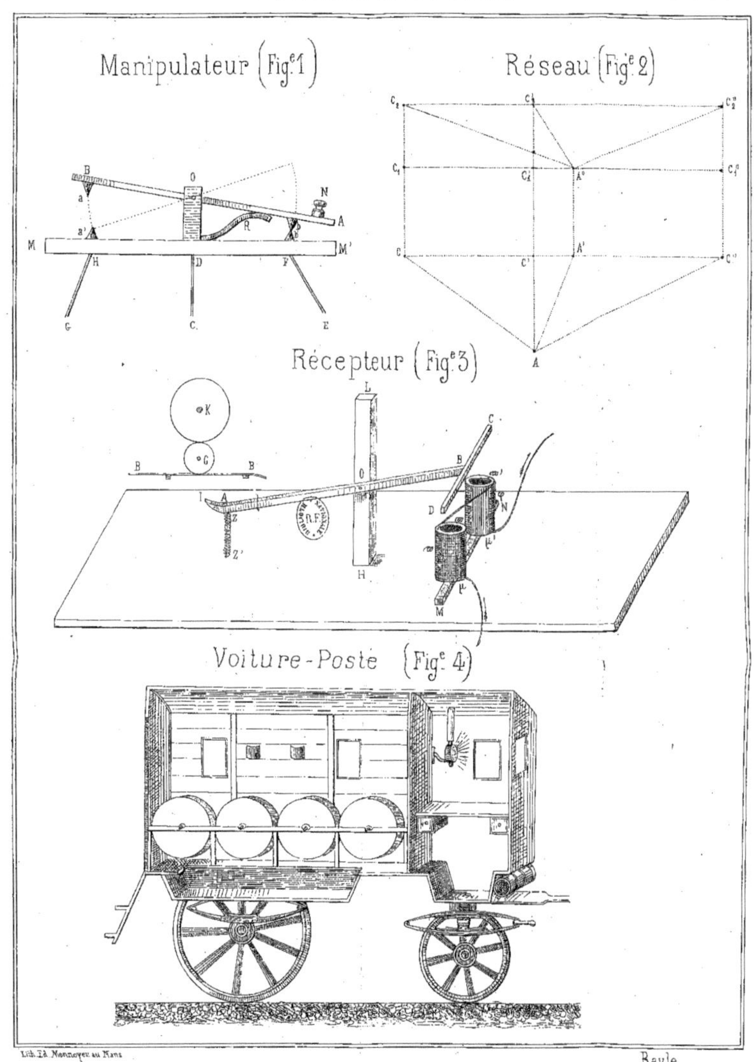

Bayle

www.ingramcontent.com/pod-product-compliance
Ingram Content Group UK Ltd.
Pitfield, Milton Keynes, MK11 3LW, UK
UKHW020031100726
13658UKWH00003B/1252